현명한부모가
반드시 알아야할

사춘기
대화수업

현명한 부모가
반드시 알아야할

사춘기
대화수업

말이 사라진
사춘기 아이와의
관계를 회복하는
부모의 말

팬덤북스

사춘기 자녀와 하루를 마주하다 보면 부모의 마음은 참으로 복잡해집니다.

"왜 이렇게 말이 통하지 않을까?"
"도대체 무슨 생각을 하는 걸까?"

이런 질문이 매일 가슴속에 맴돌며, 부모는 답답함과 외로움에 잠기곤 합니다. 어릴 적에는 작은 이야기에도 눈을 반짝이던 아이가 어느 날부터는 짧은 대답만 남기거나 문을 닫아버립니다. 다가가고 싶어도 멀어지고, 손을 내밀어도 허공만 짚는 듯한 그 거리감은 부모에게 큰 상처로 다가옵니다. 저 역시 사춘기 아들을 둔 엄마로서 수없이 그 벽 앞에 서 있었습니다. 사회복지사로서 많은 사람을 만나왔지만, 정작 제 아들과의 대화 앞에서는 늘 커다란 벽이 놓여 있었습니다.

아들이 중학생이 될 무렵부터 긴장되기 시작했습니다. 공식적으로, 말로만 들어오던 사춘기가 되었다고 인증받은 것 같았고, 이제부터 아이의 행동은 예측하기 힘들고 반항적이고 말이 안 통할 거라는 생각에 빠졌습니다. 전과 같은 단어, 말투인데도 예민해 보이고, 짜증스러워 보였습니다. 그럴 때마다 아이의 마음을 들여다보기보다 "쟤 사춘기라 그래"라며 '사춘기니까'로 단정 짓고 있었습니다. 아이 자신도 갑작스러운 변화에 당혹스럽고 힘든 상태라는 것을 이해하지 못하고 "사춘기면 다야? 너, 사춘기라 그래"라는 말로 아이의 어려움을 공감해주지 못했습니다. 그렇게 공포의 중2가 되고 나니 아이와의 사이에 세워진 벽은 더 높아져 있었고, 더 두터워져 있었습니다.

그때 깨달은 것은, 아이와 부모 사이에 세워진 높고 두꺼운 벽은 사춘기 때문에 생긴 게 아니라 아이와 대화하지 않아서 생긴 것이라는 사실입니다. 대화야말로 부모와 자녀를 잇는 가장 단순하면서도 가장 어려운 다리라는 사실을 알게 된 거죠. 대화는 단순히 말을 주고받는 과정이 아닙니다. 마음이 오가고, 존재가 확인되며, 신뢰가 자라나는 자리입니다. 그러나 이 다리가 흔들리면 부모의 사랑은 전달되지 않고, 아이의 마음은 고립됩니다. 결국 대화가 무너지면 관계가 무너지고, 관계가 무너지면 성장의 토대 역시 흔들립니다. 그렇기에 대화는 기술이자 태도이며, 부모와 자녀 모두를 지탱하는 삶의 호흡이라 할 수 있습니다.

이 책은 그런 고민 속에서 태어났습니다. 집필하기 전, 사춘기 자녀를 둔 부모 100여명을 대상으로 설문을 하였습니다. 설문 결과 사춘기 자녀를 양육하며 가장 힘든 것이 소통과 대화의 단절이라고 나왔습니다. 사회복지상담 기술 중 해결중심상담법의 하나인 기적질문을 설문 문항에 넣었습니다. "어느 날 자고 일어났더니 자녀와 대화가 너무 잘된다면 어떤 모습이 달라져서일까요?"라는 질문이었습니다. 부모 입장에서는 경청하고 수용하는 모습, 자녀 입장에서는 부모를 신뢰하고, 존중하며 안정감을 느끼고 있을 것이라고 답하였습니다. 또한, 자녀와 의사소통에서 가장 어려운 점으로 감정조절, 의견 조율, 한정적인 대화 주제를 꼽았습니다. 결국 부모들은 자녀와 어떻게 소통해야 할지, 대화해야 할지 답을 알고 있었습니다. 다만, 실제적으로 어떻게 해야 할지를 모르는 것이었습니다. 이런 결과를 토대로 부모가 아이와 마주 앉아 어떤 마음으로, 어떤 태도로, 어떤 언어를 건네야 할지에 대한 길잡이가 되기를 바라는 마음으로 집필했습니다.

책은 다섯 개의 흐름으로 구성되어 있습니다.

첫 번째 장에서는 '대화'를 새롭게 이해하고, 경청과 존중, 사과, 비폭력대화, 비언어적 신호, 그리고 사춘기 자녀에게 맞는 대화법을 다룹니다.

두 번째 장에서는 부모의 마음가짐과 자기 돌봄, 양육 목표 설정, 그리고 부모의 대화 방식이 자녀에게 미치는 영향을 짚어봅니다.

세 번째 장에서는 자녀의 성장을 돕는 대화법을 담아, 고유한 기질을 인정하고 자존감 · 논리력 · 주체성 · 감정조절력을 높이는 구체적인 방법을 제안합니다.

네 번째 장에서는 자녀와 말이 통하지 않을 때, 훈육이 필요할 때, 혹은 실패하거나 성공하는 대화 패턴을 실제 사례와 함께 풀어냅니다.

마지막으로 다섯 번째 장에서는 사춘기라는 발달단계의 특성을 깊이 이해하고, 그 맥락 속에서 대화의 의미를 다시 세워 봅니다.

이 책은 완벽한 답을 제시하려는 시도가 아닙니다. 다만 부모와 자녀 모두가 상처받지 않고 성장할 수 있는 길을 함께 찾고자 하는 작은 나침반입니다. 대화는 결코 매끄럽지 않아도 괜찮습니다. 다만 포기하지 않고 이어가려는 마음, 그것이 아이에게는 가장 큰 사랑의 증거가 됩니다.

부디 이 책이 부모에게는 "나는 혼자가 아니구나"라는 위로가 되어주고, "다시 시작해볼 수 있겠다"라는 용기를 전해주기를 바랍니다. 사춘기라는 다리 위에서 흔들리고 있는 부모들에게, 대화라는 또 하나의 길을 건네고 싶습니다. 또한, 부모도 지나온 사춘기라는 어둡고 긴 터널을 우리의 자녀가 안전하게, 따뜻한 빛을 향해 잘 지낼 수 있도록 작은 도움이 되었으면 좋겠습니다. 부모가 믿어주는 만큼 성장합니다. 부모의 믿음은 마음으로만 보여줄 수 없습니다. 지금이라도 자녀에게 따뜻한 말 한마디 건네보세요. 당장은 시큰둥할지라도 부모가 말을 걸어주기를 기다리고 있을 겁니다.

작곡가이자 지휘자인 구스타프 말러는 젊은 음악가의 연주를 듣고 "나는 솔직히 그의 음악을 이해할 수 없었다. 그러나 그가 젊기에 아마도 그가 옳을 것이다. 나는 이제 나이가 있어 그 음악을 이해할 귀를 갖지 못했을 것이다."라고 말했습니다. 우리 아이들은 그 모습 그대로 옳습니다. 부모인 우리가 그들을 있는 그대로를 인정하고, 이해하고 받아들인다면 함께 나아갈 수 있습니다.

추천사

사춘기 자녀 소통법

이 책을 읽으며 여러 번 멈춰 서서 지금은 사춘기의 긴 터널을 통과하고 대학입시를 준비하는 나의 고등학생 두 아들과의 지난 시간이 자연스럽게 떠올랐다. 아이들의 변화 앞에서 감정을 다스리지 못하고 흔들리던 중학생 부모였던 나에게, 그 시절의 나에게 이 책을 건네고 싶어졌다. 아마도 그 시절, 이 책과 만났었다면 이 책은 판에 박힌 조언이 아니라 다정한 위로였을 것이고, 이미 알고 있던 뻔한 방법이 아니라 잠시 숨을 고를 수 있는 자리가 되었을 것이다.

부쩍 말수가 줄어든 아이, 방문을 닫고 들어가 버린 아이, 예전처럼 안기지 않는 아이 앞에서 나는 얼마나 자주 '왜 그러니'라고 물었었는지, '그럴 수 있다'라는 말을 얼마나 자주 해주었는지를 돌아보게 되었다. 걱정보다 조급함이 앞섰고, 이해보다 해결하려는 마음이 먼저였던 나의 지난날들이 책에서 소개하는 사춘기 자녀와의 대화법에 고스란히 겹쳐 보였다.

이 책은 사춘기는 아이가 달라지는 시간이 아니라 부모가 기다리는 법을 다시 배우는 시간이라는 사실을 조용하지만 분명하게 알려준다. 훈계 대신 질문을, 통제 대신 호기심을, 정답 대신 함께 머무는 시간을 제안하는 문장들을 따라가다 보니 부모의 마음은 조금 여유로워질 수 있고, 아이의 마음은 그만큼 숨을 쉴 자리를 얻을 수 있다. 아이를 앞서 가르치기보다 아이 옆에 서는 일이 얼마나 중요한지, 말보다 태도가 먼저라는 사실을 이 책은 부모를 위한 다정한 언어로 차분히 짚어 준다.

무엇보다 이 책이 좋았던 이유는 아이를 바꾸려 하지 않고 부모의 태도를 먼저 돌아보게 만든다는 점이다. 아이의 말속에 숨은 감정을 읽어 주는 법, 아무 말도 하지 않는 순간에도 관계를 놓지 않는 법을 과장 없이, 그러나 단단하게 건네는 책이다. 덕분에 읽는 내내 '그래서 내가, 그리고 아이가 그때 그렇게 힘들었구나' 하고 이해하게 되었다.

사춘기 아이와 대화가 점점 어려워진다고 느끼는 부모에게 이 책을 권하고 싶다. 말을 걸어야 할지 기다려야 할지 매번 망설여지는 날, 아이와 멀어졌다고 느껴지는 순간에 이 책은 괜찮다고 말해줄 것이다. 지금도 늦지 않았고, 부모의 말 한마디와 태도 하나는 여전히 아이에게 닿을 수 있다고 조용히 일러 줄 것이다.

추천사

이 책은 사춘기를 견디는 기술을 설명하는 책이 아니라, 아이 곁에 끝까지 남아 있는 방법을 알려주는 책이다. 부모의 마음을 먼저 안아 주는 오래 여운이 남는 다정한 안내서이기도 하다.

– 이은경 '슬기로운초등생활' 대표

대화,
알고 시작해야 한다

1

대화 왜 어려울까

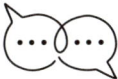

"하아…. 엄마랑은 진짜 말이 안 통해"
"뭐라고? 네 말은 뭐 알아들을 수 있는 줄 알아? 똑바로 말해야 이해할
거 아냐!"
"아, 됐어! 그만해!!"

　아이의 방문과 함께 마음도 닫혔다. 바람 한 점 통하지 않을
듯 꼭 닫힌 문을 바라보며 한숨만 짓는다. 그렇다고 아무 일 없
었다는 듯 다시 문을 열 마음은 들지 않는다. 열어봤자 다시 얼
굴 붉힐 일만 생길 게 뻔하니까 말이다. 아이가 초등학교 6학년
이 되자 점점 말로 부딪히는 일이 잦아졌다. 중학교에 입학하면
서는 입만 열었다면 논쟁이 시작된다. 자기만의 논리를 찾은 아

이와 부모를 넘어서려는 아이를 용납할 수 없는 부모의 '말의 전쟁'이 시작된 것이다. 전쟁을 끝내기 위해서는 서로 닫힌 마음의 문을 열 수 있는 열쇠가 필요하다. 바로 대화이다. 말로 시작한 전쟁은 말로 끝내야 한다. 그런데, 다른 나라 사람도 아닌 내 자식과의 대화가 왜 이렇게 어려운 걸까?

대화란 무엇인가?

최근 들어 숏츠, 동영상 등 미디어 노출이 많아지며 사람들 사이에 의미 있는 대화가 잘 이루어지지 않는다. 얼굴을 보며 이야기를 나누기보다 전화 통화 또는 문자메시지나 이메일을 통한 소통을 선호한다. 메시지 대화도 매우 간결하다. 줄임말과 유행어, 은어 등이 주를 이루고 있어 서로의 감정과 생각을 이해하는 '대화'로 기능하지 않는 경우가 다반사다. 상대방의 감정을 이해하기 위한 최소한의 되물음조차 찾아보기 힘든 메마른 사막 같은 메시지이거나, 최소한의 예의를 차리기 위한 가면을 쓴 피상적인 대화가 대다수다. 특히 빠르게 돌아가는 현실을 살아가다 보니 정보 공유, 상황 확인 같은 단순한 대화가 우리가 하는 보통의 대화로 자리 잡고 있다.

대화란 자기 생각과 감정을 표현하고, 타인의 생각과 마음 상태를 이해하기 위해 노력하는 과정이다. 대화는 생각을 명료하게 하며, 자신의 선택에 대해 생각할 기회를 제공한다. 대화는 감정을 나누고, 생각의 다름을 이해하고 받아들이며 조율하는 과정을 배울 수 있게 한다. 대화는 양방향적 소통 과정으로, 나와 상대방이 함께 참여해야 한다. 상대의 말을 듣고, 나의 말을 전달하며 소통을 경험하게 된다. 상대의 말을 듣기만 하는 사람은 자기 의견을 주장할 줄 모르게 되고, 자기 말만 하는 사람은 상대에게 공감할 줄 모른다. 즉 대화는 상대의 말, 눈빛, 표정, 몸짓을 종합적으로 판단하여 말의 의미를 이해하고, 적절한 내 생각을 전달하는 상호작용 과정이다.

대화는 의도적인 목적을 갖고 단번에 끝내는 것보다 일상에서 공감이 가능한 주제부터 시작하는 것이 좋다. 우리가 살아가고 있는 일상에서 일어나는 사소한 사건들, 감정, 만난 사람들에 대해 얘기하고 들으며 고개를 끄덕여 주는 것, 때로는 위로와 격려를 전해주는 것이 대화이다. 어떤 사람은 처음 만났는데도 속내까지 꺼내게 되고, 어떤 사람은 오래 알고 지냈음에도 형식적인 대화만 하게 되는 경우가 있는데 이는 진정한 대화가 이루어지지 않아서이다.

물길을 따라 흐르는 물처럼 자연스럽게 이루어지는 대화가 좋은 대화이다. 무 자르듯 대화의 양을 공평하게 나눌 순 없지만 서로 주고받는 대화가 이루어지고, 경청하는 것이 좋은 대화이다. 대화가 끝나고 났을 때 '이 말을 해야 했는데….', '아까 그 말은 무슨 뜻이지?'라는 미련과 의심이 남지 않아야 좋은 대화이다. 화장실에서 큰일을 보다 시간에 쫓겨 중간에 끊고 나온 기분이 들면 좋은 대화라 할 수 없다. 좋은 대화가 이루어지면 대화의 깊이가 깊어지며 서로를 인정하는 경험을 하게 된다. 경험이 쌓이다 보면 기억에 남고, 자연스레 대화를 즐기게 되며 타인과 관계 형성에 긍정적 영향을 미친다.

대화, 정말 중요할까?

고대 그리스 철학자인 아리스토텔레스는 인간은 혼자서 살아갈 수 없으며, 끊임없는 타인과의 관계 속에 존재하기 때문에 인간을 '사회적 동물'이라고 했다. 인간은 타인과 공동체를 이루고 더 나은 가치를 이루기 위해서 서로 토론하고, 갈등하며 공감을 이룬다. 인간이 동물과 다른 점은 고도로 발달한 소통 수단, '언어'를 사용한다는 것이다. 언어를 사용하여 인간사회를 구성하는 문화, 도덕, 체계 등을 만들어 간다. 언어는 상대의 진정성 있는 변화를 일으키며 사람 간의 관계가 이어지도록 하고, 많은 문제는 대화를 통해 해결된다.

대화는 사람과 사람 사이를 잇는 가교이다. 대화를 통해 서로의 생각과 감정을 나누고, 관계를 쌓아간다. 대화는 단순히 말로만 이루어지는 것이 아니다. 목소리, 눈빛, 표정, 제스처 같은 비언어적 요소를 언어와 통합적으로 인식하기 때문에 상대와 마음으로 소통하게 된다. 대화를 통해 상대에게 이해받고, 공감받는 경험을 하며 정서적 교감을 경험한다. 이는 사회를 살아가며 겪어야 할 예측되지 않는 다양한 상황에 대처할 수 있는 내면의 힘을 길러준다.

미국 캘리포니아주립대학교 사회심리학 교수인 신경과학자 나오미 아이젠버거 박사는 인간의 뇌가 대인관계에 어떻게 반응하는지를 알아보는 실험연구를 진행했다. 실험 참가자들이 순서대로 공을 주고받는데 특정 시간 이후에는 실험 참가자를 제외한 사람에게만 공이 전달되도록 설계하였다. 자신에게 공이 오지 않자, 실험 참가자들의 뇌 전두엽의 대상 피질이 활성화되었다. 이는 물리적으로 통증을 경험할 때 활성화되는 영역인데, 신체적 폭력을 경험했을 때와 같은 반응을 보인 것이다. 즉, 우리 뇌는 신체적 폭력뿐만 아니라 사회적 따돌림 같은 정서적 자극에도 반응한다는 것을 밝혀냈다. 대화는 뇌에 영향을 미치는 대인관계의 기초선이기 때문에 중요하다.

자녀가 성인이 되기까지 최소 20년을 양육하며 사회적 존재로 키우는 가장 효과적인 방법은 대화이다. 사회구성원으로 살아가기 위해 '사회'가 무엇인지, 사회를 살아갈 때 지켜야 하는 '기준'이 무엇인지, 기준을 지키기 위해 어떻게 '행동'해야 하는지, 행동하며 만나는 사람들과의 '관계'는 어떻게 만들고, 이어가야 하는지를 대화로 가르칠 수 있다. 부모와의 대화는 자녀가 타인에게 자기 생각을 전하고, 감정을 표현하며, 조율해 가는 힘을 길러준다.

어떤 연구에선 학업 성취도에 영향을 미친 가장 큰 요인으로

'부모와의 대화'가 선정됐다. 부모의 학력, 사회적 지위, 경제 상황이 아닌 부모와의 대화를 통해 아이들은 자기 생각을 논리적으로 정리하고, 표현할 수 있으며 상대의 의중을 알아채는 능력이 생겨 학습력이 높아지는 데 긍정적 영향을 미친다.

세상을 살아가며 누구도 피해 갈 수 없는 것이 '인간관계'이다. 인간관계의 핵심은 '대화'이기 때문에 자녀가 세상을 잘 살아가게 키우고 싶다면 가정에서 대화를 가르쳐야 한다. 사람들은 '말이 통하지 않는 사람', '자기 얘기만 하는 사람', '무슨 말을 하는지 이해가 안 되는 사람'과는 거리를 둔다. 당연한 이치다. 대화를 통해 서로를 알아가고 관계를 이어가는데 대화 자체가 되지 않으니 멀어질 수밖에 없다. 대화하기 위해서는 생각하고, 떠오른 생각을 언어로 정리해야 하므로 두뇌활동을 촉진되는 긍정적 효과도 있다.

가족끼리 꼭 대화해야 할까?

여성가족부에서 실시한 2023년 가족 실태조사 결과를 살펴보면, 부모들은 '자녀와 자주 다툰다'라고 응답한 비율이 2020년 대비 6.9% 증가하였고, '자녀와 충분히 대화한다'라는 항목에 아버지는 47.2%, 어머니는 61.3%가 긍정적 응답을 하였다. 그렇다면, 자녀들은 어떤 생각을 하고 있을까? 청소년 자녀는 아버지 48.8% 보다 어머니 79.3% 와 더 충분히 대화하고, 어머니

83.5%를 더 친밀 아버지 63.4% 하게 느끼는 것으로 나타났다. 자녀와 자주 다투는 비율은 증가했지만, 대화는 충분히 하고 있다는 결과가 의미하는 것은 무엇일까? 대화를 충분히 하다 보니 다툼이 늘어난 걸까? 어쩌면 대화하는 법을 잘 몰라 요즘 부모 자녀 간의 대화는 서로에게 독이 되는 것이 아닐까?

다시 살펴보면, 2020년에 비해 대화가 늘어났다고는 하였으나, 어떤 '대화'인지는 조사 결과에 나타나지 않았다. 대화의 실체에 대한 조사 결과를 확인할 수 없는 것이다. 그렇다면 조사 결과만으로 알 수 있는 것은 무엇일까? '대화는 늘었으나, 다투는 비율은 증가했다.' 이다. 이는 대화의 개념과 기능 면에서 생각해보면 답을 알 수 있다. 대화는 생각을 전달하고, 상대방이 이에 반응하며 오가는 양 방향적 과정인데 요즘 가족 간 대화는 일 방향적인 경우가 많다. 대체로 '공부해라.' '숙제했니?' '스마트폰은 그만 사용해라' 등 부모의 일방적인 지시 형태의 대화가 많이 이루어지고 있다.

양방향적이고 양질의 대화가 많이 이루어지지 않는 첫 번째 이유는, 대화의 필요성을 느끼지 못해서이다. 유튜브, OTT Over-the-top 서비스가 발달하다 보니 언제, 어디서나 원하는 미디어 콘텐츠를 소비할 수 있게 되었다. 가족 간 대화를 하지 않더라도 자극적이고 흥미로운 미디어를 소비하며 시간을 보낼 수 있게 되자 대화할 필요성을 느끼지 못하는 것이다. 두 번째는 공통된 관심사가 줄어들어서이다. 부모뿐만 아니라 자녀들도 각자의 일정을 소화하느라 바쁜 시대이다. 가족은 식구라고도 한다. 식구란, 한솥밥을 먹는 식사 공동체를 말한다. 그러나, 요즘에는 하루 한 끼라도 온 가족이 모여 함께 하는 횟수가 매우 적다 보니 서로 뭐에 관심 있는지, 뭘 좋아하는지 알 수가 없다. 세 번째로 세대 간의 차이를 들 수 있다. 사회의 변화가 빠르게 이루어지다 보니 부모 세대, 자녀 세대의 문화 격차가 커지고, 공감대가 형성되지 않는다. 서로 공감되지 않는 얘기를 하려다 보니 부모는 일방적인 훈계를 하게 되고, 자녀는 잔소리로 들려 소통이 더 단절된다.

군이 대화하지 않아도 각자 살아가는 데 어려움이 없는데 가족끼리 꼭 대화해야 할까? 말도 잘 통하지 않고, 할 얘기도 없으며, 어떻게 대화해야 할지도 모르겠는데 불편함을 감수하고 가족끼리 대화를 해야 하는 이유가 뭘까? 부모의 책임을 다하기 위해서다. 자녀를 잘 양육해 내고 그 과정에서 서로 행복하기 위해서다. 단순히 아이를 낳아 먹이고, 재우고, 입히고, 공부시켜 성인으로 키워내는 게 양육이 아니다. 자녀 양육이란 자녀가 사회구성원으로 잘 적응하고 주체적으로 삶을 살아갈 수 있도록 준비시키는 과정이다. 자녀 양육을 성공적으로 하려면 대화 없이는 불가능하다.

가정에서 대화가 사라지면 가족도 사라진다. 가족들에게 마음속의 이야기를 꺼내는 것만으로도 위로받는다. 학교에서 선생님께 야단맞은 일, 친구와 다툰 일, 회사에서 실수한 일 등을 털어놓으며 공감받기도 하고, 타박받기도 하며 감정을 공유한다. 마음을 단단하게 지켜 주는 가족과의 대화가 단절되면 외로움을 느끼고, 우울증에 걸릴 가능성이 크다. 집이라는 같은 공간에서 같은 시간을 살아가면서도 함께가 아닌 혼자이면 그곳이 칼바람이 부는 시베리아이다. 가족과 함께한 따뜻한 대화의 경험은 어려운 상황에서도 마음을 다잡고 헤쳐 나갈 수 있는 버팀목이 되어준다.

대화란 자기 생각과 감정을 표현하고, 다른 사람의 생각과 감정을 이해하기 위해 노력하는 과정이다. 대화의 과정은 생각을 정리하고, 자기 말과 선택에 책임을 갖게 한다. 다른 사람과의 다름을 알게 되고, 조율하며 자신이 성장한다. 세상은 인간관계를 맺지 않고 살아갈 수 없다. 인간관계의 기초선은 '대화'로 대화 방법을 익히는 것은 매우 중요하다. 부모로서 자녀를 양육하는 것 또한 마찬가지다. 신체적 성장뿐만 아니라 정신적 성장을 돕는 것이 부모의 책임이자 역할이다. '대화'를 통해 자녀가 사회구성원으로 잘 살아갈 수 있는 정신적 성장을 도울 수 있고, 가족간의 따뜻하고 공감 어린 대화는 이를 가능하게 한다.

부모 우월주의에서 벗어나자.

부모와의 대화를 통해 자녀는 성장하기도, 퇴보하기도 한다. 부모와 대화 경험은 자녀에게 매우 중요하다. 부모가 먼저 자주 대화하는 모습을 보여주면 자연스레 대화의 중요성을 알게 된다. 부모 뜻을 관철하려는 대화 말고, 어떤 것에 관심 있는지, 고민은 무엇인지, 일상에서 일어나는 일에 대해 어떤 생각을 하는지 궁금해야 대화가 시작된다. 가족이기 때문에 더 관심 두고, 배려해야 함에도 가족이라는 이유로 오히려 자녀에 대한 배려와 친절을 경시하는 경우가 많다. 돈을 벌어오고, 배곯지 않게 하고, 공부만 시키면 부모의 역할을 다하는 시대는 지나갔다. 이제 부모가 자녀에게 관심 두고, 대화를 통해 사회인으로서 준비할 수 있도록 도와야 한다.

큰마음을 먹고 자녀에게 말을 걸었지만 돌아오는 건 '왜 저래…'의 의미를 담은 싸늘한 눈빛이거나, 응답조차 없을 때도 있다. 자기들이 신도 아닌데, 아무리 기도해도 신의 목소리를 듣지 못하는 것처럼 자녀의 목소리 한번 듣기가 쉽지 않다. 그럴 때 마음속에 슬금슬금 불만이 올라오기 시작한다. '아니, 내가 그래도 어른이고, 부모인데 먼저 말을 걸었으면 대꾸라도 해야 할 거 아니야. 내가 이렇게까지 해야 해?'라는 생각이 든다는 것은 이미 부모 우월주의에 빠진 것이다. 부모 우월주의란 부모가 신체적·정신적으로 뛰어나고, 자녀를 낳아 기르며 헌신하고 있으므로 자녀보다 우월한 존재라는 의식이다.

부모 우월주의에 빠지면 자녀와 대화는 단절되거나 겉돌기 쉽다. 부모가 우월한 존재라는 의식은 자녀와 계급관계를 형성한다. 갑과 을이 탄생하는 것이다. 모든 생활의 주도권은 부모에게 주어지며 자녀는 부모의 지시대로 움직이는 수동적인 존재가 되고 만다. 대화라고 예외는 없다. 갑인 부모가 먼저 말을 걸면 마지못해 을인 자녀가 대답한다. 대화의 주도권 역시 갑에게 있으므로 을의 마지못한 대답은 갑을 만족시키지 못한다. 갑은 을에게 마음에 드는 대답을 하도록 추궁하고, 을의 진심을 담은 말은 더 깊이 숨어버린다.

가족은 동등한 관계이다. 자녀를 낳았을 때 근로계약서처럼 갑과 을의 역할과 책임에 대해 명시한 계약서를 작성한 가정은 어디에도 없을 것이다. 세상에 나오게 하고, 자립할 수 있을 때까지 돌봄을 제공했다고 해서 자녀의 인생을 좌지우지할 권리는 누구에게도 없다. 우월의식에서 벗어나 사랑하는 가족과의 동등한 관계에서 시작하면 대화가 쉬워진다. 자녀가 말을 걸 때까지 기다리지 말고, 먼저 말을 걸어보자. 오늘 소중한 내 아이가 어떤 표정을 짓고 있는지, 무엇에 집중하고 있는지를 살펴보고 말을 건네는 것이다. 부모 우월주의가 강했던 가정이라면 응답받지 못할 가능성이 크지만, 포기하지 말고 응답할 때까지 간구하자. 자녀의 마음이 열리면 쏟아지는 폭포수 같은 재잘거림이 시작될 것이다.

2

대화도 준비가 필요하다.

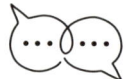

주말 아침 가족들과 늦은 아침 식사를 시작했다. 사춘기 아들 녀석은 핸드폰이 손에 붙기라도 했는지 왼손에는 핸드폰을 들고 오른손으로 밥을 먹기 시작했다. 참다못한 남편이 결국 한마디 했다 "핸드폰 내려놔" "아, 알았어!" 살짝 옆으로 내려진 핸드폰을 보고 만족한 남편은 다시 아들을 물끄러미 바라보더니 입을 열었다.

"시금치도 먹어야지, 건강에 좋지"
"멸치볶음을 먹어야 키가 크지",
"국은 왜 안 먹어? 힘들게 끓인 건데 먹어야지"
"김치가 맛있게 익었는데, 먹어봐"

"아약! 그만해!!!"

남편과 아들의 눈이 동그래졌다. 소리를 지른 건 아들이 아닌, 나였다.

"잔소리를 좀…. 그만하면 어떨까? 잔소리 말고, 아이랑 대화했으면 좋겠어."
"난, 대화한 건데? 이게 대화가 아니면 뭐야?"

남편은 진심으로 이해가 안 가는 표정으로 나를 쳐다봤다.

부모가 서로 대화하는 모습이 교육이다.

많은 부모가 '대화'가 뭔지 정확히 알지 못하고, 일상에서 하는 모든 말이 '대화'라고 착각한다. '대화'는 앞서도 말했듯이 서로 주고받는 과정이다. 한 사람이 일방적으로 쏟아붓는 것은 대화가 아니다. 대체로 많은 가정에서는 부모가 자녀에게 일방적으로 말하고, 자녀들은 듣기만 한다. 그런 대화 방식에 익숙한 탓이다. 어렸을 때를 생각해 보면, 소파에 앉아 부모님과 같이 TV를 보더라도 이야기를 나누기보다 각자 TV 프로그램을 시청하기만 했다. 어떤 말을 주고받아야 할지 몰라서였다. 부모님 또한 대화다운 대화를 나눈 모습은 거의 기억나지 않는다. '밥은?', '씻었어?' 같은 가족으로서 알아야 하는 일상의 말들만 주고받았다.

거실에서 남편과 마주 앉아 직장에서 있었던 일, 가족사와 관련한 이런저런 얘기를 하고 있었다. 거실과 떨어져 있는 자기 방에 있던 아들이 갑자기 물어왔다. "그래서, 어떻게 됐어? 그 사람은 뭐래?" 순간 남편과 눈이 마주치며 어이없는 웃음이 터져 나왔다.

"쟨 안 듣는 척하면서 우리가 하는 얘기 다 듣고 있다니까"

어느 집에나 비슷한 풍경이 펼쳐질 것이다. 분명 무엇인가에 집중하고 있었는데, 어느 순간 옆에 와서 흥미롭게 이야기를 듣고 있거나, 슬쩍 끼어드는 아이들은 부모의 말을 듣고 배우기 때문에 대화도 조심해야 한다. 아들이 크면서 남편과 대화할 때도 조심하고 있다. 다른 사람에 관한 이야기나, 집안의 안 좋은 일은 아이가 없거나, 잘 때 말한다.

대화법을 직접 가르치는 것도 필요하지만, 자녀는 부모가 서로 대화를 나누는 모습, 대화하며 사용하는 말을 통해 배우기도 한다. 부모는 대화를 통해 자녀에게 세상을 보여주고, 사람을 대하는 태도, 삶을 살아가는 자세를 가르쳐야 한다. 말 잘하는 법을 가르치기 전에 대화하기 위한 태도, 마음가짐을 보여주어야 한다. 부모의 대화 습관은 자녀가 대화 방식을 정하는 나침반이 된다. 부모끼리 서로의 감정을 확인하고 공감해 가며 대화하는 모습은 자녀에게 안정감을 준다.

자녀 앞에서 대화할 때 중요한 것은 부모가 서로를 존중하는 모습이다. 상대의 의견이 나와 맞지 않더라도 면박을 주거나, 무시하지 않는 것이 중요하다. "그걸 말이라고 해~" "에이~ 말도 안 돼. 그런 게 어딨어"와 같은 말은 상대의 생각을 인정하지 않고, 무시하는 말이다. 사람은 각자 경험과 생각이 다르므로 서로 표현하고, 조율해 가기 위해 대화를 하는 것이다. 대화 과정에서 벽을 세워버리면 대화는 이루어질 수 없다. 자녀 앞에서 이런 모습을 보인다면 자신과 다른 생각은 무시해도 된다는 메시지를 무의식중에 전달하게 된다. 그래서 우리 집에서는 정치 얘기를 하지 않으려고 노력한다. 처음에는 싸움이 되고, 나중에는 "아, 됐어! 그만해"가 남발되는 소재이기 때문이다.

부모가 자녀에게 보여줘야 하는 것은 대화를 통해 서로를 존중하고, 다름을 인정하며 민주적으로 조율하는 모습이다. 대화할 때 중요한 것은, 대화의 소재와 방법이다. 다른 사람에 대한 부정적 이야기 흔히 말하는 험담, 힘들다는 푸념, 세상에 대한 비난 등은 자제하는 게 좋다. 물론 꿈과 희망에 부푼 아름다운 이야기만 나눌 수는 없다. 그렇지만 힘들다는 주제로 대화를 시작했다면 서로 공감하고 위로하며 힘든 상황을 어떻게 극복해나가면 좋을지까지 나눠야 한다. 그저 '힘들어 죽겠어'에서 대화가 끝나버리면 힘든 상황을 극복하기 위한 다음 단계까지 나아가야 함을 배우지 못한다.

대화 안 되는 이유가 바로 대화 소재이다.

아침 7시, 알람이 울린다. 더듬더듬 알람을 끄고, 떠지지 않는 눈을 부릅뜨고 출근 준비를 한다. 휴일에는 새벽 6시만 되면 자동으로 눈을 뜨는 아들은 덜그럭대는 그릇 소리, 출발 직전 버스 엔진 같은 드라이기 소리에도 꿈쩍 않고 잔다.

"일어나, 학교 가야지. 일어나라고!"

전쟁 같은 아침을 지나 부모는 회사로, 아들은 학교로 간다. 그렇게 각자의 자리에서 하루를 보내고 집에 돌아온다.

"다녀왔습니다."
"다녀오셨어요~"

저녁 식사가 차려지고 가족들이 식탁에 모여 앉았으나, 이야기꽃은 찾아보기 힘들다. 너도, 나도 할 것 없이 휴대폰을 한 손에 들고 식사에 몰두한다. 식탁을 나누면 혼자 식탁에 있는 모양새와 같다. 그렇게 소리 없는 식사가 끝나면 각자 할 일을 위해 흩어진다. 집합과 헤쳐모여가 군대 수준이다. 잠자리에 들 시간이 되면 그제야 가족들의 목소리가 집안에 울린다.

"씻어, 자야지"

"잘 자"

"안녕히 주무세요"

사춘기 자녀가 있는 많은 가정에서 흔히 볼 수 있는 광경이다. 짧은 말들이 오가지만, 대화는 아니다. 가족이 하루의 시작과 끝을 함께 하지만 서로 나눈 말은 몇 마디 되지 않는다. 그것 또한 대화라기보다는 생존 확인을 위한 메시지 전달 수준이다. 부모들이 자녀와 대화하지 않는 이유는 대부분 이렇다. '하루 시간 대부분을 각자 생활하기 때문에 대화거리가 없다.', '말을 걸어도 대답도 하지 않아 대화가 이어지지 않는다.', '대화를 어떻게 시작해야 할지 모르겠다.', '애들이 하는 말을 알아들을 수가 없다.', '무슨 말만 하면 애들이 화를 낸다.' 등이다. 대화가 이어지지 않는 이유는 생각을 바꾸면 대화 소재가 된다

'하루 대부분을 각자 생활해서 대화 소재가 없다'라는 이유는 오히려 생활이 달라서 대화 소재를 더 많이 찾을 수 있다로 바꿔 생각할 수 있다. 하루 동안 무엇을 했고, 어떤 일이 있었는지, 어떤 사람을 만났는지 등 할 말이 얼마나 많은가. 부모와 함께하지 않은 모든 시간이 대화 소재가 된다. 오늘 하루는 어땠는지부터 시작하면 된다. 자녀에게 "오늘은 어떤 하루였어?"라고 물어보자. 곧바로 대답이 돌아올 거라는 기대는 버려야 한다. '나한테 왜 저런 질문을 하지?'라는 의심의 눈초리가 먼저 돌아올 것

이다. 실망하지 말고 의연함을 지키자. 당연한 거다. 자녀는 아직 부모와 대화할 준비가 되지 않았다. 중요한 것은 지속해서 일상의 질문을 이어가며 자녀와 신뢰를 쌓는 것이다. 잔소리와 간섭을 하기 위해서가 아니라 진심으로 궁금해한다는 것을 믿게 해줘야 한다.

'말을 걸어도 자녀들이 대답도 하지 않아 대화가 이어지지 않는다.' 산 정상에 올라 '야호'를 외쳐도 메아리쳐 돌아오는데, 내 피를 나눠 가진 내 아이에게서 돌아오는 메아리는 없다. 왜일까? 먼저 그동안 자녀에게 어떤 말을 건넸는지 생각해 봐야 한다. 자녀를 진심으로 궁금해하고, 의미 있는 대화를 이어가기 위한 말이 아니라, 부모의 관심사와 관련된 말을 건넸을 가능성이 크다. 자녀가 부모와 대화하고 싶어하지 않는다면 부모가 잘못하고 있다는 의미다. 부모가 궁금한 관심사를 대화로 가장하여 질문하지 말고 자녀의 감정에 주의를 기울이며 자녀의 말속에 숨은 의미를 찾아내야 한다.

'애들이 하는 말을 알아들을 수가 없다.', '무슨 말만 하면 애들이 화를 낸다.' 왜일까? 자녀들의 말을 알아듣지 못하니 답답해서 그런 것이다. 말을 알아듣지 못한다는 것은 자녀가 표현하는 말 자체로만 이해하려 하고, 속에 숨어 있는 의미를 알아주지 못한다는 의미이다. 누구나 말을 꺼낼 때는 원하는 것이 있다. 자녀도 부모에게 바라는 목적이 있어 말을 꺼냈는데 부모가 알아듣지 못하니 화가 나는 것이다. 부모가 듣고 싶은 말만 들으려하지 말고, 자녀의 말속에 숨은 의미를 찾으려고 노력해 보자. 요즘 아이들의 언어를 알아두는 것도 필요하다. 같은 단어라도 부모와 자녀 세대에서 이해하는 의미가 다른 말들이 생겨나고 있으므로 배움을 게을리하지 말아야 한다.

자녀와 말 한번 섞어보려 한참을 궁리하다 어렵게 꺼낸 말에 침묵으로 일관하거나, 화부터 내는 모습을 보면 서운하기도 하고, 자존심이 상하기도, 슬프기도 하다. 그럼에도 아이에게 또 말을 걸고 있는 게 우리 부모의 모습이다. 교육도 받고, 정보도 찾아보며 자녀와 대화하는 '방법'을 배우는 열성적인 부모들도 있다. 물론 다양한 대화 방법을 배우는 것은 대화를 원활하게 하는 데 도움이 된다. 그러나 왜 대화법을 배우려고 했는지 본질을 잊으면 안 된다. 대화가 되지 않는 이유를 자녀에게서 찾지 말고, 부모인 나에게서 찾자. 자녀가 하고자 하는 말의 의미, 감춰져 있는 감정을 보려 노력하자. 부모의 권위에서 벗어나면 자녀가 부모의 말에 갇혀 자기 말을 할 수 없는 상황도 예방할 수 있다.

어릴 때부터 대화를 시작해야 한다.

"준호야, 이리 와서 앉아봐."

"왜? 나 지금 뭐 하고 있는데?"

"일단 와서 앉아보라고", "오늘 학교는 어땠어? 친구랑은 잘 지냈어?"

"……",

"대답 좀 해봐. 엄마가 궁금해서 그래~. 학교에서 무슨 일 없었어?"

"갑자기 왜 그래? 아무 일도 없었어."

"그러지 말고~. 우리는 가족이니까 대화를 많이 해야 해. 서로 대화하자는데 협조 좀 해라."

"……"

"무슨 애가 얘기 좀 하자고 하면 입을 꾹 다물고 있어. 어휴 답답해! 됐어, 나도 말 안 해"

많은 부모가 사춘기가 되면 자녀의 말수가 급격히 줄어 대화하기 힘들다고 한다. 하지만 아이가 사춘기가 돼서 말수가 줄어든 것인지, 어렸을 때부터 부모와 대화가 많지 않았던 것인지 잘 생각해봐야 한다. 자녀가 말을 막 배우기 시작했을 때를 떠올려보면 무한 질문과 함께 재잘거리던 모습이 생각날 것이다. 아이들은 원래 말이 적은 편이 아니다. 부모에게 계속 말을 걸고, 말을 걸어주기를 기다리고 있었다. 삶에 지쳤거나 바빠서 나중에 자녀와 못다 한 얘기를 나누려던 부모의 시간을 자녀들은 기다려주지 않는다. 나중은 없다. 부모가 자녀를 돌아볼 시간이 되면 자녀들은 세상 속으로 나아가는 중이라 부모를 돌아볼 시간이 없다.

부모는 자녀와 어떻게 끊임없이 이야기할 것인가를 고민해야 한다. 대화는 각자 말의 수를 동등하게 주고받을 때 잘 이루어지는 것이 아니다. 상대의 말에 집중하고 진솔하게 반응할 때 정서적 공감이 이루어져 효과가 있다. 자녀와 하루의 많은 시간을 함께 보내면 대화도 많이 이루어진다고 생각하는 경우가 있다. 시간의 양이 중요한 게 아니라 어떻게 쓰고 있는지가 중요하다. 학원에 자녀를 데려다주고, 데려오며 이어지는 대화의 내용은 어떠한가? 물론 자녀와 감정적 공감이 이루어지는 대화를 하는 부모들도 있다. 그러나 대부분 대화의 내용은 수박 겉핥기로 이루어진다. 한 조사결과에 의하면, 하루 중 부모와 자녀가 대화하는 시간은 평균 40분 정도이고 대부분이 일상적 대화인 것으로 나타났다. 사춘기가 되어서도 대화가 이어지려면 어렸을 때부터 온전히 대화에 집중하는 경험을 제공해야 한다.

자녀가 어릴 때는 부모의 말을 이해하지 못해 '대화다운 대화'가 이루어지지 않을 수 있다. 부모의 생각을 자녀에게 이해시키려 하기보다 자녀의 감정과 기분에 집중하면서 대화를 이끌어가야 한다. '무엇'을 이야기하는 것이 중요한 게 아니라 어떻게 '공감'하고 '소통'하며 의미 있는 대화를 하는가가 중요하다. 요즘은 농담과 의미를 알 수 없는 유행어 등으로 이루어진 피상적인 대화가 주를 이룬다. 이는 사람 간의 관계에도 영향을 미친다. 어렸을 때 대화를 통해 자신이 온전히 이해받고 받아들여지는 경험을 하면 진정한 소통을 배우게 된다. 사춘기가 되어 격랑의 시기를 거칠 때도 부모와 대화가 단절되는 일은 없다.

가장 최악은 자녀가 입을 봉인하는 것이다. 다정한 말에도, 혼내는 말에도, 소리를 질러도 무반응으로 대응하기 시작한다면 자녀의 입은 봉인된 것이다. 한번 봉인되면 해리포터가 절대 악 볼드모트를 무장해제시키기 위해 거는 주문 "엑스펠리아무르스"를 아무리 외쳐도 열리지 않는다. 봉인된 자녀의 입을 여는 마법의 주문은 없다. 마법의 주문이 없으니 부모는 주문걸 일이 생기지 않게 해야 한다. 어렸을 때부터 자녀에게 말을 걸자. 자녀가 먼저 말을 걸어오면 귀찮아도, 아무리 바빠도 잠깐이라도 눈을 마주치며 들어주자. 아이들은 순간을 살아가기 때문에 지금 하고 싶은 말을 나중에 다시 하는 일은 거의 없다. 지금이 가장 중요한 순간이므로 자녀의 말을 듣되 한 귀로 듣고, 한 귀로 흘려서는 안 된다. 자녀가 말을 이어갈 수 있도록 공감해주고 맞장구를 쳐주는 공감적 듣기를 해야 한다. 공감적 듣기를 잘하는 부모를 보고 자라면 사춘기가 되어서도 입을 봉인하는 일은 없다.

사춘기에 접어든 자녀가 갑자기 말을 안 한다고 서운해하고, 입을 열어보겠다고 여러 시도를 해봤자 소용없을 가능성이 크다. 아이들이 입을 다물기 시작한 건 어떤 사건을 계기로 한순간에 일어나는 게 아니라 어려서부터 쌓여왔기 때문이다. 어렸을 때부터 부모와 대화하며 소통해온 경험이 없으면 자아를 인식하고 찾아가는 시기가 되었을 때 부모와 대화할 필요를 느끼지 못한다. 자녀가 어렸을 때부터 자녀의 말을 들어주고, 감정과 기분을 표현할 수 있게 돕는다면 부모와 대화를 단절할 가능성은 적다. 부모가 준비되었을 때 대화를 시작하려 하지 말고 자녀가 말을 걸어올 때를 놓치지 말자.

잡담부터 시작하자

오늘도 휴대폰을 들고 이것저것 정보를 찾는다. 정보가 넘쳐나는 요즘은 SNS에만 들어가도 자녀와 상황별 대화법, 부모의 마음가짐, 조심해야 할 대화 등 다양한 정보를 얻을 수 있다. 바쁜 손을 움직이며 스크린 캡처하여 휴대폰에 저장하며 '대충 읽고 넘어갈 내용이 아니야. 저장해서 보면서 내 것으로 만들어야지'라고 다짐한다. 그렇게 휴대폰 갤러리 스크린샷 폴더가 가득 차고 있지만, 자녀와의 대화는 풍부해지지 않는다. 분명히 영상도 보고, 좋은 자료들을 읽고, 휴대폰에 저장도 해놨는데! 왜 자녀와의 대화는 계속 어려운 걸까? 나한테 맞지 않는 옷처럼 전문가들이 할 수 있는 어려운 대화기술을 먼저 써보려고 한 건 아닌지 생각해 봐야 한다. 대화는 서로에게 쉬워야 한다. 그래야 이해가 되고, 마음이 열린다.

부모들의 첫 번째 난관은 '대화를 어떻게 시작해야 할지 모르겠다.'이다. 시작만 하면 술술 잘 풀릴 것 같은데 시작이 어렵다. 날씨 얘기를 해야 하나, 학교 얘기를 물어보면 보나 마나 시큰둥할 테고, 요즘 뭐에 관심 있는지도 정확히 모르겠으니 더 난감하다. 이럴 때는 사소한 대화부터 시작해 보자. 우리가 흔히 말하는 잡담으로 시작하면 자녀의 경계심도 낮추고 어려운 기술을 쓰지 않아도 되니 부모도 쉽다. 사소한 이야기는 친밀감을 높여준다.

2016년 북미에서 진행된 직장 내 커뮤니케이션 관련 설문조사에서 회의나 면담 전후 나누는 가벼운 대화가 분위기를 좋게 만들어 업무 대화가 덜 논쟁적이거나 더 우호적으로 만든다는 결과가 나왔다. 해당 설문조사를 기반으로 시행된 연구 결과에서 소소한 대화의 긍정적 효과가 발견됐다. 첫 번째는 상호 인정, 연결감, 사회적 응집력을 높여 긍정적인 사회적 감정을 느끼게 했다. 두 번째는 사회적 연대감과 조직시민행동 의도를 높였다. 이는 사람들이 감정적으로 연결돼 있다고 느끼는 타인에게 더 우호적인 태도를 보이는 것과 관련이 깊다는 결과이다. 연구로 증명된 바와 같이 자녀와 어떤 말을 해야 할지 모르는 어색한 상황에서 감정의 거리를 좁히는 데 필요한 것이 '잡담'이다.

잡담은 정해진 주제도, 결론도 없다. 맛있는 식사를 하기 전 입맛을 돋우기 위해 먹는 애피타이저와 같다. 본론을 꺼내기 전이나, 친밀한 관계를 형성하기 위해 사소한 이야기를 나누기 위한 것이기 때문에 결론을 내리면 안 된다. 이야기를 나누다 시간이 다 되거나, 다른 볼일이 생기면 '다음에 또 얘기 나누자~', '그럼, 나중에~'로 끝맺을 수 있을 정도로 사소한 이야기가 잡담이다. 잡담할 때 자녀의 이야기에 흥미를 느끼지 못하거나 동의하지 못해도 강하게 반대하거나 부정하면 안 된다. 잡담은 자녀가 관심 있는 것에서 시작해서 화제를 끌어내 대화가 이어지도록 해야 한다.

잡담의 소재 중 가장 쉽게 활용할 수 있는 것이 일상생활에서 일어나는 일이다. 출근길 버스를 놓친 일, 점심 식사 중 김칫국물을 하얀 스웨터에 흘린 얘기 등 오늘 일어난 사건 사고를 소재로 활용하면 된다. 일상을 공유할 수도 있고, 어렵지 않은 주제로 쉽게 대화에 참여시킬 수 있다. 뉴스에 나오는 이슈도 좋은 소재가 된다. 사람은 자신이 좋아하는 주제가 나오면 말이 많아질 수밖에 없다. 자녀가 관심 있어 하고, 좋아하는 주제를 미리 알아두었다가 새로운 소식이 있으면 바로 잡담 소재로 활용해 보자. 대화의 흐름이 매끄럽지 않아도 된다. 대화에 함께 참여하고 있다는 것이 중요하므로 이것저것, 생각나는 소재들을 활용하면 된다.

자녀에게 어떤 말을 걸어야 할지 고민된다면, 일상의 소재를 활용한 잡담을 시작해 보자. 잡담은 긍정적 사회적 감정을 느끼게 하는 효과가 있어 어색한 분위기를 바꾸는 데 효과적이다. 일상에서 일어나는 일, 자녀의 작은 변화, 자녀의 관심사를 잡담으로 가볍게 말을 건네면 대화의 시작이 훨씬 쉬워질 것이다. 잡담의 시작은 부모가 하더라도 주도권은 자녀에게 주어야 한다. 자녀가 관심 없어 하면 바로 화제를 돌리거나 그만두어야 한다. 잡담을 통해 신뢰를 구축하는 것이 우선이다.

 ## 자녀에게 통하는 잡담 기술

1. 틈새 시간을 활용하자.

자녀가 공부를 하고 있거나, 휴대폰을 들여다보고 있는 시간에 말을 걸었다면 대답은 기대하지 않는 게 좋다. 무엇인가에 집중하고 있는 시간은 방해하지 않아야 한다. 자녀와 대화의 물꼬를 트고 싶다면, 아무것도 하고 있지 않은 틈새 시간을 활용하자. 밥을 먹으려고 기다릴 때, 외출 준비할 때, 간식 먹을 때, 잠자기 직전과 같은 과업이나 역할이 전환되기 전 짧은 시간을 활용하면 된다.

2. 평소 관심사를 눈여겨보고 기억하자.

누구나 자신의 관심사를 알아주면 존중받고 공감받는 느낌이 든다. 평소 자녀가 눈을 반짝이는 이야기, 귀를 쫑긋하며 궁금해하는 이야기를 흘려보내지 말고 잘 기억해 두자. 쓸데없는 이야기 같아도 입에 풀칠한 것 같던 아이가 입을 열었다는 건 그만큼 관심이 있다는 표시이다. 바로 반응하는 것도 중요하지만, 그렇지 못할 상황일 때는 기억해뒀다가 틈을 봐서 대화 주제로 잡담을 나누면 대화 성공 가능성이 높아진다.

3. 자녀의 작은 변화가 대화 소재다.

잡담은 때를 잡아서, 정해진 장소에서, 준비된 주제로만 하는 게 아니다. 일상에서 이루어져야 한다. 자녀의 머리스타일이 바뀌었거나,

표정이 어둡거나, 평소보다 늦게 잠든다거나 하는 변화가 보이면 그냥 지나치지 말자. "머리 스타일이 바뀌었네?", "오늘 표정이 안 좋아 보이는데, 괜찮니?", "밤에 잠이 잘 오지 않니?" 라고 아무 일 아닌 척 말을 건네보자. 관심받는다고 느끼면서 부모에게 친밀감과 신뢰를 갖는다.

4. 잡담은 짧게 한다.

잡담은 소소한 일상의 이야기를 가볍게 나누는 소통 방법으로 짧게 끝나야 한다. 길어진다는 것은 주제가 생겼다는 의미다. 대화가 길어지면 상대와 교감하기 위한 잡담의 효과를 기대하기 어렵다.

5. 꾸준하게 하자.

자녀와 몇 번 잡담했다고 친밀감이 마구 높아지고 관계가 좋아지지 않는다. 뭐든 꾸준해야 효과가 나타난다. 집안에서 얼굴을 보면 무심하게 지나가지 말고 한마디라도 건네보자. 정말 할 말이 없으면 날씨 얘기라도 하자. 꾸준히 하다 보면 애쓰지 않아도 잡담 소재가 생각나고, 자연스럽게 대화가 가능해진다.

자녀의 언어를 알아야 한다

친구와 통화하는 아이의 말을 듣고 있다가 보면 도대체 무슨 말인지 알 수 없을 때가 있다. 아이의 통화 내용은 대략 이렇다.

"아, 진짜? 대박"
"와, 리얼?"
"대박!!"
"진짜 대박이다."
"어, 어…."
"오케!"
"빠이"

도무지 대화 내용을 알 수 없는 말들로 이루어진다. 부모가 엿들을까 봐 자신들만의 비밀언어라도 만든 건가 싶지만 전국 모든 아이가 알아듣는 걸 봐서는 그렇지는 않은 것 같다. 요즘 아이들의 말에는 생각이 담겨있지 않다. 상대의 말에 진심으로 공감하고, 상대의 마음을 살펴 어떤 말을 건네야 할지 고르고 고르던 시대는 지나갔다. 제한적인 짧은 단어로 서로에게 호응하는 동안 제 생각이나 느낌을 말로 표현하려는 노력은 없어지고, 말의 의미조차 생각하지 않게 된다. 우리가 알고 있는 의미와 다르게 쓰이는, 자녀가 쓰는 몇 개 되지 않는 짧은 단어들이 의미하는 바를 이해하지 못한다면 자녀와 소통은 점점 멀어질 것이다.

분명 나도 쓰던 말인데, 자녀가 쓰는 말은 뭔가 낯설게 느껴질 때가 있다. 같은 말인데 다른 의미가 분명해 보인다. 그런데 그게 뭘 의미하는지 모르겠다. 답답한 마음에 자녀에게 물어봐도 속 시원히 대답해주지 않는다. 당연하다. 또래끼리 쓰는 은어인 경우가 많으니까. 은어는 또래만의 문화를 형성하고 다른 사람과 공유하지 않기 위한 방어이다. 그걸 부모에게 알려준다는 것은 자신을 내보이는 것과 같으므로 할 수 있는 한 비밀로 하기 위해 노력할 것이다. 그럼에도 자녀와 진실된 대화를 하기 원한다면 부모가 더 노력해야 한다.

가장 좋은 건 자녀에게 "아까 친구랑 얘기할 때 썼던 그 말은 무슨 뜻인지 말해줄 수 있어?"라고 직접적으로 묻는 것이다. 자녀와 신뢰 관계가 있다면 생각보다 쉽게 뜻을 알려준다. 부모가 모르는 것을 자신은 알고 있다는 우월감에 우쭐대며 알려주기도 한다. 가장 쉬운 방법은 직진하는 것이다. 모르는 걸 모른다고 인정하고, 자녀의 언어를 알고 싶은 부모의 욕구를 솔직하게 표현하면 자녀도 마음을 알아준다. 다만, 자녀의 마음을 이해하고 대화하고 싶은 마음이어야지 '네가 쓰는 말이 뭔지 알기만 해봐라. 그런 말 다시는 쓰지 못하게 할 거다.

자녀에게 묻는 시간을 놀이로 만들어 보자. 준호는 질문을 하면 대부분 순순히 알려주는 편이지만, 가끔 알려주지 않겠다고 버틸 때가 있다. 그럴 때는 "그럼, 퀴즈로 맞추는 건 어때?"라고 제안하면 눈이 반짝거리며 무척 즐거워한다. 아이가 즐거우면 나도 같이 즐거워져 더 많은 정보를 알 수 있다. 한 가지 주의할 점은 자녀가 도무지 맞출 수 없는 힌트를 주거나, 터무니없는 얘기를 하더라도 무시하거나 논리로 이겨버리려고 하면 안 된다. 자녀는 주도권을 갖고 싶은데 부모가 주도권을 뺏어오려고 하면 대화는 이어질 수 없다.

자녀가 알려주지 않아도 너무 좌절하지는 말자. 알아낼 방법은 많다. 자녀가 어떤 때, 어떤 맥락에서 단어를 활용하는지 지켜보자. 그리고 경청하자. 그러다 보면 대략적인 뜻을 알게 된다. 물론 인터넷으로 정보를 찾아볼 수도 있다. 하지만 표준국어대사전에 등록된 말이 아니기 때문에 의미는 다를 수 있다는 점을 잊지 말아야 한다. 결국 자녀의 언어를 알기 위해서는 자녀의 말을 귀담아듣고, 어떤 의미인지 알기 위해 부모가 노력해야 한다.

점점 다양한 말이 생산되는 시대에 사는 부모들은 변화의 흐름을 따라가기가 벅차다. 자녀의 입에서 나오는 말조차 이해하기 힘드니 하루하루가 숨가쁘다. 자녀가 알지 못하는 말을 할 때 왜 그런 이상한 말을 쓰냐고 타박하기 전에 왜 그런 말을 쓰는지, 그 말의 뜻은 무엇인지 이해하기 위한 노력을 먼저 해야 한다. 자녀에게 물어보자. 모른다는 것을 솔직하게 인정하고, 자녀에게 도움을 구하면 관계 형성이 긍정적 도움이 된다. 자녀가 알려주지 않는다고 해도 스스로 정보를 찾아보자. 부모가 자녀와 소통하기 위해 얼마나 노력하는지를 보여줄 수 있다.

대화, 미리 준비하자

내가 이야기 나누고 싶을 때 상대에게 말을 걸면 그게 대화인 걸로 오해하는 경우가 많다. 서로 의견을 주고받았다면 대화가 맞다. 하지만 의미 있는 대화를 하기 위해서는 사전 준비가 필요하다. 피곤해서 누워있거나, 친구와 메시지를 주고받으며 집중해 있는 아이에게 갑자기 말을 걸면 고운 말이 돌아올 리 없다. 대화할 준비가 안 되었기 때문이다. 내 할 말을 생각해 두었다고 해서 대화 준비가 된 것이 아니다. 상대를 대화에 참여시키기 위해 미리 준비해야 한다.

먼저 대화할 수 있는 공간을 만들어야 한다. 소파에 나란히 앉아 이야기하는 것도 좋지만, 서로 마주 보고 대화하는 것이 더 효과적이다. 자녀가 편하게 느끼는 곳이 어디인지 알고 있어야 한다. 집안이 될 수도 있고, 바깥이 될 수도 있다. 대화는 다른 것에 신경 쓸 일이 없을 때, 방해받지 않는 시간에 하는 것이 좋다. 저녁 식사를 한 뒤 잠자리에 들기 전도 좋고, 차를 타고 이동할 때도 좋다. 자녀와 대화할 때는 서로의 휴대폰을 멀리 놔두자. 휴대폰에 울리는 여러 알람 메시지를 확인하다 보면 대화의 흐름이 깨지고, 집중하지 못하게 된다.

대화의 주제도 미리 생각해 두자. 어떤 말로 시작할지 고민하기 전에 주제를 미리 생각해 놓으면 말이 막힐 때 활용할 수 있다. 대화는 서로의 생각을 존중하며 다른 점을 인정하고, 조율하는 과정이다. 그러나 부모이기 때문에 자녀와의 대화를 온전히 즐기지 못하고 바른길로 이끌기 위한 이야기만 늘어놓는다. 대화는 양방향이 아닌 한 방향으로 흐르기 시작하고, 어느 순간 단절된다. 대화가 단절되지 않고 양방향으로 흐르며 서로에게 영감을 주는 대화는 온전히 자녀에게 집중할 때 가능하다. 자녀가 이야기할 때 머릿속으로 미처 처리하지 못한 업무, 남아있는 집안일, 각종 경조사를 떠올리면 대화는 다시 단절된다.

회사에서 무척 신경 쓰이는 일이 있었는데 미처 마무리 짓지 못하고 퇴근한 적이 있다. 집에서도 계속 그 일이 생각나서 다른 일이 손에 잡히지 않았다. 학교에서 돌아온 준호는 주섬주섬 가방에서 성적표를 꺼내 들었다. 첫 번째 지필평가에서 무척 우수한 성적을 거둔 것이다. 엄마의 칭찬을 바라는 준호의 얼굴을 바라보며 "어머! 우리 준호 정말 대단하다! 시험공부를 열심히 하더니 좋은 성적이 나왔네! 축하해~"라고 말해주었다. 준호는 떨떠름한 표정으로 "어."라고 대답한 뒤 방으로 들어가 버렸다. 옆에 있던 남편이 "영혼이 하나도 없는데? 100점 못 맞아서 그런 거야?"라고 한마디 했다. 입에서 나오는 말과 다르게 내 목소리는 가라앉아 있었고, 표정은 굳어있었다. 준호는 칭찬이 아니라 질책으로 받아들였다.

대화하기 전 자신의 목소리, 표정, 시선을 점검해 보자. 대화

분위기는 비언어적 요소에 많은 영향을 받는다. 상대에게 집중하는 눈빛과 몸짓, 목소리 톤이나 어투, 표정은 대화의 흐름에 영향을 미친다. 비언어적 요소는 말보다 통제하기가 쉽지 않다. 말로는 기분이 좋다고 하나, 눈은 도끼눈을 하고 있다면 누가 믿겠는가. 평소에 자신의 감정에 따라 표정이 어떻게 변하는지 살펴보자. 특히 자녀와 중요한 이야기를 해야 할 때는 꼭 거울을 보고 자신의 표정을 점검해야 한다. 예민하기 그지없는 사춘기 자녀들은 부모의 작은 표정, 떨리는 눈꺼풀 하나에도 의미를 부여하기 때문에 더 자신을 단속해야 한다.

3

대화 습관을 점검하라

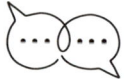

미국의 심리학자 폴 버넷 Paul Burnett 은 부모의 언어습관은 자녀에게 이어지며 자녀의 자아존중감에도 영향을 미친다고 강조했다. 또한 부모의 언어 표현이 긍정적이고, 긍정의 말을 듣고 자라면 어려운 상황에 닥쳤을 때 자기를 신뢰하고, 어려움을 극복해 보려는 의지를 다진다. 반면 부모로부터 부정적 말을 많이 들으면 힘든 일이 생겼을 때 "난 안 돼, 내가 하는 일이 늘 그렇지 뭐"라는 식으로 자포자기하는 경향을 보인다.

무의식적으로 사용하는 말과 대화 습관이 자녀에게는 많은 영향을 미친다. 조부모와 자란 아이들은 나이에 맞지 않는 오래된 말들을 사용하기도 한다. 할머니와 함께 사는 준호는 '소보루빵'

을 '곰보빵'이라고 부른다. 언젠가 브랜드 빵집에 가서 찾는 빵이 안 보이자, 점원에게 "곰보빵 어디 있어요?"라고 물어 당황한 적이 있었다. 20대의 점원은 '곰보빵'이라는 말을 알아듣지 못했다. 그만큼 가정에서 이루어지는 대화가 자녀에게 미치는 영향이 크다. 아래의 대화 습관을 점검해 보고, 잘 안 되고 있다면 지금부터라도 적용해 보자.

첫 번째 대화 습관, 경청

경청은 상대방의 말을 귀 기울여 듣는 것이다. 내 의견만큼 다른 사람의 의견도 중요하다는 것을 염두에 두고 존중하는 마음이 있어야 경청할 수 있다. 《아들에게는 아들의 속도가 있습니다》 p.102 참조 경청은 듣기만 하는 것이 아니라, 상대방이 전하고자 하는 내용과 그 속에 숨겨져 있는 의미까지 이해하여 피드백하는 것이다. 요즘은 경청의 중요성이 많이 강조되어 많은 사람이 경청의 자세를 갖고 있다. 그런데도 가장 경청이 안되는 곳이 바로 가정이다. 부부 사이에서, 부모와 자식 사이에서 더 귀 기울여 듣고 호응해 줘야 함에도 바깥에서 경청 에너지를 다 써버리고 집에서는 한 귀로 듣고 한 귀로 흘리는 경우가 많다.

부모 교육의 하나인 부모 효율성 훈련 프로그램을 개발한 토머스 고든은 '적극적 경청'의 중요성을 제시하였다. '적극적 경청'은 자녀한테서 들은 말 속에 담긴 감정 메시지를 이해하고,

이해한 것을 반영하여 피드백하는 의사소통 전략이다. 적극적 경청은 자녀에게 문제가 되는 감정을 해소할 수 있도록 도우며, 문제를 스스로 해결할 수 있게 지지한다. 또한, 부모의 적극적 경청을 경험한 자녀는 다른 사람의 말을 경청하는 자세가 길러진다. 자녀의 생각, 감정, 느낌, 동기 등을 다루기 때문에 부모-자녀 간의 관계를 증진하는 긍정적 효과가 있다.

우리나라 최초로 집단 상담 저서를 출간한 이형득 박사는 다른 사람의 말을 들을 때 '공감적 경청'을 실천하는 사람들은 다른 사람이 말하는 진정한 의미를 알려고 하거나 상대의 처지를 이해하고자 노력한다고 했다. '공감적 경청'은 이해할 작정으로 경청하는 것으로 상대의 패러다임을 이해하고, 감정을 인정하며 듣는 것이다. 사람은 누구나 해결책을 제시해 주는 것보다 자신의 감정을 이해하고 인정해 주기를 원한다. 자녀들도 마찬가지다. 부모가 마음을 읽어주고, 있는 그대로 인정해 주기를 원한다. 대화할 때 주도권은 대체로 말하는 사람이 갖고 있다고 생각하지만 실제로는 듣는 사람에게 있다. 듣는 사람의 반응, 태도에 따라 대화의 질, 분위기, 지속 여부 등이 달라지기 때문이다.

경청에서 중요한 요소는 '비언어적 표현'. '공감 반응'이다. 비언어적 표현은 눈빛, 표정, 자세로 자녀의 이야기를 잘 듣고 있으며, 이해하고 있다는 것을 보여주는 것이다. 비언어적 표현을 잘 활용하면 상대에게 신뢰를 줄 수 있다. 공감 반응은 맞장구와 자녀의 말에 공감을 표현하는 것이다. "진짜?", "어머! 웬일이니", "뭐라고?", "와! 정말 대단하다." 등과 같이 자녀의 말 중간마다 맞장구를 치거나 감탄사를 사용하면 대화가 잘 이루어진다. 특히 맞장구를 치고 나서 "그래서 이렇게 됐다는 얘기지?"라고 요약하거나 확인하면 대화에 집중하고 있다고 느끼게 할 수 있다.

최고의 공감 반응은 자녀의 입장과 감정을 반영한 공감이다. "정말 당황스러웠겠다. 나라도 그랬을 것 같아", "진짜 기분 나빴겠다.", "정말 놀랐겠는데?"라고 자녀의 감정을 알아주는 것이다. 특히 자녀의 마음이 좋지 않은 상태라면 충분히 말할 수 있도록 기다려 주어야 한다. 자녀의 감정, 상황, 일에 대처한 태도 등이 마음에 들지 않을 수 있다. 그렇더라도 말하는 중간에 끼어들지 말고 자녀를 바라보며 집중하는 자세로 들어주자. 경청하고 싶어도 자녀가 부모에게 말을 걸지 않을 때가 올 것이다. 지금은 말을 걸어줌에 감사하며, 자녀에게 온전히 집중하자. 부모로서 당부하고 싶은 말이 있더라도 자녀의 말을 경청하고, 공감한 후 때를 기다리자.

어느 날 몸이 너무 아파 누워있는데, 아들이 학원에 갔다 돌아왔다.

"엄마, 어디 아파?"
"응, 온몸이 두들겨 맞은 것처럼 너무 아파. 몸살인 것 같아."
"그렇구나, 아프구나. 몸살인 것 같구나."

"……."

단조로운 말투로 이야기하는 아들의 말을 듣자 '저 아들놈이 나를 놀리는 건가?' 싶으면서 어이가 없었다.

"준호야, 엄마 아프다니까."
"엄마가 아프구나"
"끝이야?"
"안됐다."
"준호야, 엄마가 아프다고 하면 공감을 해줘야지. 그렇게 말하니까 놀리는 것 같아서 기분이 나빠지는데?"
"왜? 공감한 건데? 엄마도 이렇게 하잖아"

아들에게 공감적 반응을 하기 위해 꽤나 노력하는 편이다. 공감의 방법에 따라 아들의 말을 반복하고 감정을 읽어주려고 노력했다고 생각했는데 아들에게 각인된 건 나의 말투뿐이었다. 상대의 말을 경청하며 말 몸속의 의미를 이해하고 그에 대한 감정적 공감을 해야 하는데 거기까지는 전달되지 않았나 보다. 그래서 경청과 공감이 어렵다.

두 번째 대화 습관, 피드백

자녀의 말에 귀 기울이며 경청을 실천했다면, 이제는 말을 돌려줄 차례이다. 자기가 할 말을 끝낸 자녀는 부모의 잔소리가 아닌 진심 어린 공감의 말을 기다리고 있다. 자녀의 말을 흘려듣지 않았다는 것을 증명할 수 있는 절호의 기회가 온 것이다. 지금 부모가 어떻게 말하느냐에 따라 앞으로 자녀의 입이 열릴지 닫힐지가 결정되는 것이다. 과하게 몰입해서 흥분해도 안 되고, 엘리베이터에서 잠시 만난 이웃 아주머니처럼 '어, 그랬구나, 아이고!'와 같은 단순 리액션만 해서도 안 된다. 자녀의 이야기를 귀담아듣고, 자녀의 말에서 시작하는 맥락적 공감을 토대로 피드백해야 한다. 맥락적 공감은 무조건적인 공감이 아니라 일어난 상황에 맞게 공감의 언어로 표현하는 것을 말한다.

피드백은 인간관계의 필수요소로 듣는 사람의 생각, 감정, 행동을 결정하게 하는 요인이 된다. 한마디로 사람을 움직이게 하는 힘이다. 따라서 피드백을 주고받는 관계는 신뢰가 있고, 애정이 있어야 가능하다. 서로에 대한 신뢰가 없다면 아무리 좋은 말을 하더라도 진심이라고 받아들이지 않는다. 심지어 조언이나 충고라면 오히려 반감을 일으킬 수도 있다. 피드백을 어떻게 하는지에 따라 사춘기 자녀와 소통하는 강력한 무기가 될 수도 있고, 소통을 단절시키는 약점이 될 수도 있다.

리처드 윌리엄스의 '피드백 이야기'에서는 피드백을 4가지 유형으로 나누어 설명한다. 첫 번째는 지지적 피드백으로 반복되기를 원하는 행동을 독려하는 것이다. 두 번째는 교정적 피드백으로 행동을 변화시키는 데 목적이 있으며 반복되는 실수나 잘못을 고쳐나갈 수 있다. 세 번째는 학대적 피드백이다. 상대방에게 상처와 절망을 주는 학대적 피드백은 더 큰 갈등을 만들어낸다. 네 번째는 무의미한 피드백으로, 막연하거나 목적을 알 수 없는 피드백을 말한다. 당신은 어떤 피드백을 하고 있는가? 우리는 대부분 지지적 피드백을 하고 있다고 착각한다. 잘 생각해보자. 어떤 피드백을 하느냐에 따라 자녀와의 관계성이 달라지며, 어떤 인생을 살 것인지를 결정하게 한다.

그렇다면 어떤 피드백을 해야 할까? 지지적 피드백과 교정적 피드백을 적절히 사용해야 한다. 지지적 피드백은 자녀의 긍정적 행동과 그로 인해 나타난 결과를 설명하고, 자녀의 행동에 대해 느낀 점과 이유를 설명하는 것이다. 반복하다 보면 자녀의 긍정적 행동이 강화된다. 자녀가 잘하는 행동을 강화할 수 있도록 돕는 지지적 피드백도 중요하지만, 사회인으로 살아가기 위해 의무와 규칙은 교정적 피드백을 통해 가르쳐야 한다. 자녀에게 듣기 싫은 소리를 하거나, 조언하는 것을 참견, 잔소리, 자녀의 자율성을 해치는 행위로 치부하는 부모들이 많다. 하지만 아직 가치관과 정체성이 명확히 확립되지 않은 성장기 자녀의 올바른 선택을 돕기 위해 때로는 쓴소리도 필요하다. 교정적 피드백은 잘만 활용하면 지지적 피드백보다 더 큰 효과를 낼 수 있다.

교정적 피드백은 행동을 변화시키기 위한 목적이 있다 보니 질책하거나 야단치는 모양새가 될 수 있다. 명령, 설득, 협박은 일시적으로는 효과가 있어 보일지라도 근본적 해결책이 아니다. 학대적 피드백이 되지 않으려면 교정적 피드백의 시작은 지지적 피드백이어야 한다. 어렵겠지만, 문제가 발생한 비슷한 상황에서 자녀가 잘해왔던 일을 찾아 지지적 피드백을 먼저 하는 것이다. 다음은 자녀가 자기 행동의 결과, 영향, 해결 방법 등을 스스로 생각할 수 있도록 질문해야 한다. 질문은 대화의 주도권이 답하는 사람에게 있다고 느끼기 때문에 매우 효과적이다. 문제에 대해 부모가 설명하고 해결책을 제시한다면 자녀는 절대 변하지 않는다. 중요한 것은 대화의 방향을 끌어 나갈 수 있도록 질문이 유도적이어야 한다는 것이다. 질문이 효과가 없다면 변화가 필요한 것과 지켜야 할 규율을 명확하게 말해주는 것이 낫다.

피드백을 잘하려면 어떻게 해야 할까? 먼저 계획을 세워야 한다. 순간적으로 욱하는 마음에 자녀를 앉혀놓고 머릿속에 떠오르는 말들을 늘어놓는 것은 피드백이 아니다. 강화해야 하거나 고쳐야 할 행동이 있다면, 어떤 식으로 이야기할 것인지 미리 생각해 두어야 한다. 다만, 자녀가 피드백을 받아들이지 않는다면 상황에 맞게 유연하게 대처해야 한다. 자녀의 반응을 고려하지 않고 미리 생각해 둔 나의 말만 한다면 대화를 단절시키는 첫걸음이 된다. 두 번째는 전달하고자 하는 말을 명확하게 해야 한다. 사춘기 자녀가 상처받을까 걱정되어 이리저리 돌려서 말하면 자녀는 무슨 말인지 알아듣지 못하고, 부모는 답답해지기만 한다. 세 번째는 장소와 시간을 잘 선택해야 한다. 피드백은 최대한 신속하게 해야 효과를 볼 수 있다. 어떤 일이 있었는지 기억도 안날만큼 시간이 지난 뒤에는 아무 소용이 없다. 피드백하는 장소도 중요하다. 피드백의 종류와 상관없이 자녀가 마음 편하게 온전히 집중해서 듣고, 의견을 나눌 수 있는 장소를 선택해야 한다. 네 번째는 감정적으로 되어서는 안 된다. 특히 교정적 피드백은 자녀의 거부가 생기기 쉬운데, 이럴 때 감정에 휘둘리면 아무 소용이 없다. 피드백하려고 했던 일에 대해서만 차분하게 말해야 한다. 부모의 지혜로운 피드백을 들으며 자란 자녀는 사회에서도 인정받으며 살아갈 무기를 얻을 수 있다. 피드백은 상대방에 대한 이해와 존중을 바탕으로 이루어지기 때문에 신뢰로 이어진다. 피드백을 잘하는 사람은 신뢰를 얻고, 타인과 관계가 좋아질 수밖에 없다. 자녀에게 피드백하는 것도 중요하지만 피드백하는 방법을 함께 연습하는 것도 추천한다. 특히 청소년기에 또래와 갈등이 일어나는 이유 중 하나는 적절하지 않은 의사소통이기 때문에 피드백을 잘하면 또래와의 관계도 원만하게 유지할 수 있다. 다만, 특정한 피드백이 반복되면 사실 여부를 떠나 진실이라고 믿게 된다. 따라서 피드백은 사실에 기초해서, 내 생각을 강요하지 않도록 주의해야 한다.

 피드백 이렇게 해보세요

1. 일상에서 습관적으로 피드백하자

일상에서 매일 일어나는 평범한 일 중에 변화가 생겼다면 바로 알아 차려주는 것이다. 머리 모양이 바뀌거나, 글씨체가 달라졌거나, 준비물을 잘 챙겼거나, 깨끗이 씻은 것과 같은 아무 일도 아닌 것 같은 일들을 세심하게 관찰하고 바로 피드백하는 것은 더 효과적이다.

2. 시선을 맞추자

자녀가 어느 순간 부모와 이야기하고 싶어졌는데 부모가 눈을 맞추지 않는다면 거절당한다고 생각한다. 늘 자녀에게 관심을 두고 바라봐줘야 한다. 어느 순간, 어떤 행동을 하다가 눈이 마주친다면 눈빛으로 살짝 피드백해주는 것이다.

3. 외모, 행동에 집중한 피드백은 조심하자.

외모와 관련한 피드백을 자주 한다면, 자녀는 외모를 중요하게 생각하게 된다. 특히 사춘기에는 후두엽이 발달하며 외모에 급격한 관심을 갖게 되는데 부모가 외모 중심의 피드백을 많이 한다면 외모를 가꾸는 데만 온 힘을 다하게 될 것이다. 또한, 행동에 초점을 둔 피드백이 집중되면 자녀는 그런 행동을 해야 칭찬받고 인정받을 수 있다고 생각한다. 나를 위한 행동보다는 타인을 기쁘게 하는 행동을 하는 삶을 살게 될 수도 있다.

세 번째 대화 습관, 존중

　존중의 사전적 의미는 '높이어 귀하게 여기는 것'이다. 존중받는다는 것은 인정받고 귀한 사람으로 대접받는 것이다. 상대를 존중하려면 어떻게 해야 할까? 자신의 가치와 신념에 따른 눈높이로 상대를 바라보지 말고, 상대의 가치와 행동을 살피고 상대의 눈높이로 바라보면 된다. 상대의 경험과 생각, 욕구를 바라보고 살핌으로써 존중할 수 있게 된다. 존중받는 경험은 자신이 소중한 사람이라고 느끼게 하고, 자아존중감 향상에 도움이 된다. 존중받는 경험을 한 사람은 타인을 존중할 줄 아는 사람이 된다.

　하나금융경영연구소의 '2024년 주요 트렌드 서적별 핵심 내용 요약'에 의하면 경기 침체가 계속되며 삶의 기준을 낮추고 '보통'의 삶으로 회귀하는 트렌드가 나타나고 있다. 특히 청년세대에서는 경기둔화로 SNS를 통한 자기과시에 한계를 느끼고, 상대적 박탈감으로 인한 자존감 하락, 우울감 증가 현상이 확대되고 있다. 이는 '자존감'에 대한 동경 심화로 이어질 것으로 전망했다. 자존감은 견디기 힘든 어려운 상황에 부닥치더라도 자신을 믿고 무너지지 않게 일으켜 세우는 힘이다. 물론 자존감은 나를 둘러싸고 있는 환경과 상황에 따라 높아질 수도, 낮아질 수도 있다. 하지만 자존감이 높은 사람은 어떤 상황에 따라 일시적으로 낮아지더라도 다시 회복할 수 있다.

　당신은 자녀를 존중하고 있는가? 당신의 자녀는 타인을 존중하는가? 부모로부터 존중받는 경험을 했다면 타인을 존중할 줄 아는 사람으로 자라고 있을 것이다. 자신뿐만 아니라 타인도 존중할 줄 아는 사람으로 키우기 위해서는 가장 가까운 타인을 존중하는 연습을 시켜야 한다. 바로 부모이다. 부모를 존중하는 표현을 하며 연습이 되고 체득이 되기 때문이다. 부모를 존중하는 사람은 타인도 존중할 줄 안다. 그렇다면 존중을 표현하는 방법은 무엇일까? 바로 대화이다.

평소 자녀와 대화를 나눌 때 어떤 모습인지 생각해 보자. 자녀의 말을 무시하거나 혼내는 말투로 대답하지는 않는가? 어떤 일을 결정할 때, 예를 들면 외식 메뉴라던가 나들이 장소나 시간, 친척 집 방문일과 같은 자녀와도 관련된 일을 부모가 독단적으로 결정하지는 않는가? 자녀가 자신의 감정을 표현할 때 감정을 무시하지는 않는가? 눈치챘는지 모르겠지만, 이 모습은 전부 나의 모습이다. 아들이 조잘조잘 말을 걸 때 눈도 마주치지 않고 건성으로 대답하거나 제대로 듣지 않고 혼자 오해하여 혼내기도 했다. 아들의 의사나 스케줄은 전혀 묻지 않고 아들이 동반해야 하는 일정을 정한 뒤 정해진 일정을 따르지 않는다고 화를 내고, 우는 아이에게 감정을 조절하라며 큰소리를 쳤다. 반복될수록 아들은 내 눈치를 보고 작은 일 하나도 스스로 결정하지 못했다. 존중받지 못해 자존감도 낮아진 것이다.

주눅 들어 있는 아들의 모습을 알아챈 뒤 마음이 아팠다. 따뜻한 햇볕과 충분한 수분을 섭취하며 무럭무럭 자라나가야 할 아들의 성장을 멈추게 한 건 아닌지 자책감이 들었다. 엄마의 목소리 톤 변화에도 민감하게 반응하고, 표정이 조금이라도 굳어 있으면 "엄마, 화났어?"라고 묻는 아들의 마음은 어떤 상태였을까? 자신을 스스로 가치 없는 사람이라고 여기지는 않았을까? 자신의 감정이나 생각보다 엄마의 생각이 중요하다고 생각하지는 않았을까? 그나마 다행인 건 아들이 아직 어릴 때 부모가 잘못을 알아챘다는 것이다.

아들과 대화할 때 무시하거나 탓하거나, 혼내는 듯한 말투가 되지 않게 조심했다. 가능하면 아들의 의견을 먼저 물었고, 마음에 들지 않는 대답이 나오면 물론 대부분이 마음에 들지 않는다 다른 대안도 있다는 걸 넌지시 알려주며 선택의 범위를 넓혀주었다. 물론, 사춘기에 들어서면서 눈치가 생겨 이제 돌려 말하기는 통하지 않는다. 아들의 대답이 마음에 들지 않는다면 논리적으로 설득해야 한다. 논리적으로 설득할 자신이 없다면 죽고 사는 문제가 아닌 이상 아들의 의견을 들어주는 게 서로 편하다. 질문하고, 서로의 다른 생각을 근거로 들어 설득하는 과정은 자녀에게 존중받는다고 느끼게 한다.

사춘기의 특징 중 하나는 반항이다. 말을 끝까지 듣지도 않고 싫다고 한다. 질문을 시작도 안 했는데, 이름만 불러도 모른다고 한다. 존중받으며 대화한 경험이 많지 않아서이다. 사춘기 반항이 당연한 권리인 것처럼 굴지만 어렸을 때부터 존중받으며 대화해왔다면 최소한 상대의 말을 끝까지 듣는 시늉이라도 한다.

사춘기 아이의 존중받고 싶어 하는 욕구는 질문하고, 설득하고, 의견을 들어주며 채워진다. 존중의 욕구가 채워지면 자존감이 높아지고, 타인을 존중할 줄 알게 된다.

존중받고, 존중하는 대화는 비폭력 대화에서 출발한다. 먼저 자녀를 평가하지 말고 관찰하는 것이다. 자녀의 어떤 행동 때문에 감정이 상했다면 감정이 태도가 되어 자녀를 평가하고 비난하는 것이 아니라 부모 자신이 무엇에 반응하는지 명확하게 표현하는 것이다. 본 그대로 영화 속 한 장면을 설명하는 것처럼 말한 뒤 부모의 감정과 욕구를 표현해야 한다. 감정과 욕구는 사람이라면 누구나 느끼는 것이기 때문에 초점을 욕구에 맞춘다면 서로 이해하고 받아들이기가 쉬워진다.

어느 날 준호에게 숙제를 다 했는지 물었는데, 준호는 대답도 없이 자기 방으로 들어가 방문을 닫아버렸다. 나를 무시하는 듯한 행동에 화가 나 준호의 방문을 벌컥 열고 소리를 질렀다.

"엄마가 얘기하는데, 누가 그렇게 예의 없게 행동을 해!!"

준호의 항변이 이어지며 누가 누가 목소리가 큰지 대결하는 구도가 형성되었다. 이때 내가 다르게 반응했더라면 준호와 대화로 풀 수도 있었을 것이다.

"준호야, 엄마가 너를 불렀는데 네가 대답도 하지 않고, 방문을 큰 소리 나게 닫아버렸어."라고 준호의 행동을 있는 그대로 과장하지 말고 명확하게 설명해주는 것이다. 그리고 느낀 감정과 부모의 욕구를 표현한다.

"네가 대답도 하지 않고, 방문을 세게 닫아서 엄마는 무시당하는 기분이 들었어. 다음에는 엄마가 부르면 대답을 하고, 과격한 행동은 하지 않았으면 좋겠어."

라고 말하는 것이다. 욕구를 표현할 때는 구체적으로 어떻게 행동하면 상대의 욕구 충족을 도울 수 있는지 알려주되, 실행 가능한 부탁을 해야 한다.

존중대화는 자녀에게 꼬리표를 붙이지 않는 것에서 시작한다. 꼬리표란 자녀에게 낙인을 찍는 것과 같다. 부모의 말을 듣지 않을 때, 부모의 생각과 다른 행동을 할 때, 부모의 마음에 들지 않을 때 우리는 아무렇지 않게 자녀에게 꼬리표를 붙인다.

"넌, 약속을 지키는 법이 없어"
"넌 참 게으른 아이야"
"감정조절도 못 하는 사람이 뭘 하겠니"

이런 말은 자녀를 부정하는 말이다. 자녀는 부모의 말을 들으며 자신이 그런 사람이라고 믿게 되고 그런 행동을 반복하게 된다. 또한, 자기 자신에 대한 평가를 타인이 하는 것을 당연하게 여기게 된다. 자기 자신이 어떤 사람인지 스스로 인식하고 주체성을 가져야 하는데 그 권한을 타인에게 주게 되는 것이다. 자녀가 자신을 존중하고, 타인을 존중할 줄 아는 사람이 되게 하려면 자녀에게 부정적 꼬리표를 붙이지 않아야 한다. 자기 멋대로 구는 자녀를 보고 있으면 화가 치밀어 오르는 건 누구나 마찬가지다. 그럴 때 일단 마음을 가라앉히자. 지금 내 말 한마디가 내 아이의 자존감에 영향을 미친다는 걸 기억하자. 잠시 숨을 고르고 온화한 미소를 얼굴에 장착한 뒤 말해주자. "네가 잘 해낼 수 있다는 걸 믿어." 라고.

 존중 대화 이렇게 해보세요

1. 거절을 연습시키자.

거절을 당하면 나를 부정하는 느낌을 받기 쉽다. 나의 부탁, 요청을 상대방이 들어주기 어려운 상황이어서 거절한 것이지 나 자신을 거부한 것이 아니라는 것을 가르쳐야 한다. 거절을 받아들일 줄 알면 타인의 상황까지 헤아릴 수 있어서 타인을 존중할 줄 알게 된다. 또한, 거절하는 방법을 알려주고 거절을 연습시켜야 한다. 무리한 부탁을 하는 사람이 있을 때 서로의 기분이 상하지 않게 거절하는 방법을 가르쳐주면 나를 지킬 수 있다.

2. 자녀에게 부모의 '직업', '상황'에 대해 설명해주자.

가장 가까운 타인인 부모를 존중할 줄 알면, 타인을 존중하는 태도를 기를 수 있다. 부모를 존중하게 하는 방법 중 하나로 부모의 '직업'을 설명해주자. 부모의 직업이 무엇이고, 어떤 일을 하는지, 어떤 가치를 갖고 있는지에 대해서 설명하는 것이다. 직업과 가정일을 병행하는 상황 속에서 가족을 위해 애쓰는 부모의 노력, 마음을 알려주자. 직업을 가진 부모의 선택을 이해하고, 부모의 상황을 이해하게 되면 존중하는 태도가 생길것이다.

네 번째 대화 습관, 사과

자녀가 태어났던 순간을 기억하는가? 제왕절개 수술로 출산을 해서 준호가 태어난 순간을 기억하지는 못하지만 처음 만났던 순간은 또렷이 기억한다. 하얀 보에 쌓여 신생아실에 누워있는 준호는 세상에서 가장 작은 천사였다. **당시 신생아실에서 가장 큰 아이였다는 건 나중에 알았다.** 갓 태어난 아기의 눈이 그렇게 크고, 머리숱이 많을 수 있다니! 세상에 내려온 작은 천사는 나보다 약한 존재여서 내가 지켜줘야 한다고 생각했다. 지금 준호는 나보다 키도 크고 힘도 세다. 가끔은 나보다 논리적인 말로 설득하기도 하며, 빠르게 상황을 판단하기도 한다. 그렇지만 여전히 나에게는 나보다 미숙하며 보살펴야 하는 존재이다. 많은 부모에게 자녀들은 그런 존재가 아닐까? 언제까지고 지켜줘야 하는 존재 말이다.

　이런 마음이 준호에게 오히려 도움이 되지 않는다는 것을 얼마 전에야 알게 됐다. 나보다 늦게 세상에 온 아이는 언제까지나 미숙하고, 도움받아야 하는 존재라는 생각은 준호를 온전한 인간으로 바라보지 못하게 하는 장애물이었다. 어떤 상황에서도 준호가 결정하는 것은 부족해 보였고, 어떤 일을 하더라도 불안했다. 아이는 하루가 다르게 성장하는데, 부모만 옛 기억에 머물러 있었다. 아이와 함께 성장하지 못한 부모는 아이의 삶에 동행할 수 없다. 처음 아이를 키우는 것이니 당연히 미숙하기 때문에 아이를 키우며 함께 성장해야 한다. 부모가 성장한 것은 어떻게 알 수 있을까? 바로 사과이다. 자녀에게 부모의 잘못을 인정하고 사과하며 잘못을 바로잡을 줄 아는 용기를 낼 수 있다면 부모도 성장한 것이다.

　타인의 감정을 살피고 공감하며 자기 잘못을 인정하고 수용해야만 사과할 수 있다. 즉, 스스로의 불완전함을 직면하고 이를 개선하겠다는 의지가 있어야 하는 것이다. 이 정도면 충분히 성장의 근거가 되지 않겠는가? 사과할 줄 아는 부모인지 생각해보자. 타인에게만이 아니라 자녀에게도 사과할 줄 아는지가 중요하다. 대체로 부모들은 타인에게는 사과를 잘하면서 자기 자녀에게는 인색하다. 부모의 권위를 중요시하기 때문이다. '내가 부모인데, 내가 나이가 더 많은 어른인데 저 어린 녀석에게 사과하는 건 자존심이 용납하지 않아'라는 마음 때문이다. 부모 세대는 그렇게 교육받고 그런 문화 속에 살아왔기 때문에 당연한 거다. 그러나, 사과는 부끄러운 일이 아니다.

부모는 자녀에게 산 같은 존재가 되고 싶어 한다. 강한 태풍이 불어와도 자리를 지켜내며 봄에는 예쁜 꽃을, 여름에는 시원한 그늘을, 가을에는 황홀한 단풍을, 겨울에는 눈부신 설경을 누릴 수 있게 해주는 그런 존재. 그러다 보니 부모는 자녀에게 약한 모습을 보이고 싶어 하지 않는다. 그런데 잘못을 인정하라니! 받아들일 수 없는 얘기이다. 잘못을 인정하는 순간 약해진다고 느끼는 게 사람이기 때문이다. 누가 내가 지켜줘야 하는 자식 앞에서 약한 모습을 보이고 싶겠는가. 하지만 이제는 생각을 바꿔야 할 때이다. 자녀에게 인정받고 싶다면 부모의 잘못을 인정하고 사과하는 것을 부모의 권위를 무너뜨리고 무시당하는 것과 동일하게 생각하지 말자.

필자의 어머니는 마른 장작에 붙은 불처럼 활활 타오르는 분이다. 어머니의 상식이나 기준에 맞지 않는 행동을 하면 바로 불똥이 떨어졌다. 벼락같은 호통과 차가운 겨울날 물볼기와 같은 스매싱이 날아왔다. 남에게 피해 끼치는 걸 매우 싫어하셨다. 초등 저학년이던 어느날은 학교 끝나고 집에 돌아가니 키우던 강아지 2마리가 피를 토한 채 죽어있었다. 너무 놀라 울면서 어머니 회사로 전화를 걸었고, 어머니는 "기다려!"라는 한마디만 남기고 전화를 끊으셨다. 그리고 수십 분 뒤 집으로 달려온 어머니는 나를 위로하거나, 강아지들을 살피는 게 아니라 내 등짝에 불꽃슛을 선빵으로 날리셨다. 이유인즉 회사에 전화했을 때 전화를 받았던 직원에게 인사를 하지 않았다는 거였다. 아직 열 살도 되지 않은 아이가 강아지들이 죽어있는 걸 봤을 때 얼마나 충격을 받았겠는가. 너무 무서워서 어머니 이름도 간신히 말했던 것 같은데, 전화 예절이 형편없다고 매타작이 먼저 돌아온 거였다. 이렇게 불같은 성정의 어머니는 사과도 불같이 빠르셨다.

불꽃이 사그라들었나 싶었던 80대의 어머니는 어느 날 40대 딸의 말을 오해하고 세상이 떠나가라 고성을 지르며 다시 활활 타올랐다. 나름 불혹의 나이를 넘긴 딸도 온갖 논리를 들이대며 불타오르는 어머니에게 기름을 부었지만, 고요한 강물 같은 사위의 담백한 설명에 금새 사그라들었다. 평온을 되찾은 어머니는 "오해해서 미안해. 그런 뜻인 줄 몰랐어"라고 사과한다. 불혹을 넘긴 딸도 오해하게 만든 잘못을 시인하며, 사과를 전한다. 어머니는 자신의 기준과 다른 상황이 생기면 혼을 냈지만, 권위적이지는 않았다. 자기 잘못을 인정할 줄 알며 자존심을 부리지 않고 사과할 줄 안다.

어떤 판단이나 행동을 할 때 기준이 명확하지 않으면 사춘기 아이들은 불안해한다. 불안함은 쉽게 흥분하고, 화를 내며 다른 사람을 살필 여유를 주지 않는다. 사춘기 자녀는 최소한의 원칙이 있어야 안정감을 느끼고 자신감도 생긴다. 요즘은 '상식적'이라는 기준이 동일선에 있지 않다 보니 여러 갈등을 유발한다. 그럼에도 사람들과 부대껴 살아가며 지켜야 하는 예절과 상식적인 행동의 기준은 필요하다. 나이가 많다고 기준이 생기지는 않는다. 어릴 때부터, 특히 자아정체감을 형성해가는 사춘기부터는 옳고 그름에 관한 판단을 할 수 있는 나름의 기준이 세워질 수 있게 부모가 도와야 한다. 이런 기준이 명확해지면 자기 행동으로 인한 결과를 인정하고, 쿨하게 사과할 줄 아는 사람으로 성장할 수 있다.

부모가 사과하는 모습을 보이면 자녀와 위계관계가 아닌 평등한 관계에서 소통할 수 있게 된다. 힘의 균형이 부모에게 쏠리는 것은 어쩔 수 없지만, 부모는 자녀와 평등하게 소통하려고 노력함으로써 이를 최소화해야 한다. 평등한 소통은 자녀와 솔직한 대화의 첫걸음이 된다. 부모에게 사과받아본 자녀는 다른 사람의 입장을 이해하고, 용서하는 것을 배우게 된다. 용서할 줄 알기 때문에 자기가 실수하더라도 용서 구할 줄 아는 사람으로 성장할 수 있다. 자녀에게 사과할 때 자녀와 진정한 소통 통로가 열린다. 지금부터 사과하는 연습을 하자.

그렇다면 사과는 어떻게 하면 좋을까? 첫째, 진심이 담겨야 한다. 진심이 담기려면 자기 행동이 상대방에게 어떤 영향을 미쳤는지 알아야 하고, 인정해야 한다. 간혹 "일부러 그런 것도 아닌데 뭐…"라며 사과하지 않고 어영부영 넘어가는 경우가 있다. 고의가 아닌 실수라고 해도 상대방의 감정을 상하게 했거나, 고통을 줬다면 사과해야 한다. 그렇지 않으면 실수로 포장해 잘못을 감추고 사과하지 않게 되며, 다른 사람이 내 행동으로 인해 어떤 영향을 받는지도 알지 못하게 된다. 둘째, 사과는 즉시 해야 한다. '지금은 나도 기분이 별로니 다음에 해야지', '사과해봤자 안 받아줄 거야', '사과받을 기분이 아닌 것 같은데, 나아지면 해야지'라는 여러 생각들이 주저하게 만들기도 하지만 때를 놓치면 안 된다. 즉시 하지 않으면 사과의 효과는 반감된다. 셋째, 사과할 때는 구체적으로 표현해야 한다. 사과할 때 쓰는 대표적인 말은 "미안해"이다. 사과하는 사람은 "미안해"에 여러 의미를 담기 때문에 한마디로 끝내려는 경우가 있다. 하지만 사과받는 사람이 말하지 않아도 상대의 생각을 알 수 있는 독심술을 하지 않는 이상 내포된 의미까지는 알 수가 없다. '나의 ~행동으로 당신에게 피해를 끼쳐 미안하다. 앞으로 ~하지 않게 조심할게'라고 사과한다면 진심이 전해진다.

　다른 사람과 어울려 살아가야 하는 세상에서 중요한 소통 방식 중 하나는 '사과'이다. 사과는 상대방의 감정을 알아채고, 나의 행동을 돌아보며 그로 인한 결과를 인정해야만 가능하다. 꽤 고난도의 소통 방식이다. 사람들과 소통하는 데 꼭 필요한 사과는 용기가 필요하기도 하다. 내 잘못을 인정하고 사과할 줄 아는 용기는 어려서부터 길러줘야 한다. 부모가 먼저 자녀에게 사과하는 모습을 보이면 사과가 자존심을 굽히고, 비굴해지는 행동이 아님을 자연스레 알게 된다. '미안해'라는 말에 모든 의미를 담아 투박하게 사과하기보다 진심어리고 구체적인 말로 사과를 전할 수 있게 연습시키는 것도 필요하다.

4

대화의 기초체력을 키워라

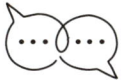

요즘에는 취미활동을 하면서 건강도 지킬 수 있는 마라톤 참여자가 매년 증가하고 있다. 마라톤 대회에 나가려면 준비가 필요하다. 먼저 목표를 설정해야 한다. 풀코스, 하프코스, 10km, 5km 중 어떤 거리에 도전할 것인지 정해야 한다. 목표가 정해지면 지구력, 심폐지구력, 근력, 스피드 향상을 위한 훈련계획을 세워 훈련을 시작한다. 이때 중요한 것은 부상을 예방하고 효과적인 성과를 낼 수 있도록 훈련 강도를 조정하는 것이다. 훈련하며 장비도 준비해야 한다. 내 발에 맞는 러닝화를 고르는 것이 중요한데, 발볼, 아치 형태, 쿠셔닝 등을 고려해야 한다. 의류도 무시할 수 없다. 땀을 빠르게 흡수하고 건조하는 기능성을 갖추고 있어야 하며, 기온 변화에 대비할 수 있는 경량 점퍼도 준비하는 게 좋다.

마라톤을 뛰어본 적도 없는 사람이 단숨에 42.195km의 풀코스를 완주할 수 있겠는가? 사전 준비와 기초체력을 키워야 가능하다. 필자의 지인은 매일 러닝을 하며 마라톤을 위한 기초체력을 키우고 있다. 마라톤처럼 인내심이 있어야 하는 것이 대화이다. 개떡같이 말해도 찰떡같이 알아듣는 능력이 모든 사람에게 있다면 모르겠지만, 찰떡같이 말해도 개떡같이 알아듣는 사람이 많다 보니 인내심은 필수다. 대화는 매우 다양한 상황에서 사용된다. 가벼운 잡담을 나누는 상황, 내 말을 알아듣지 못하는 상황, 설득해야 하는 상황, 나를 알려야 하는 상황 등 말만으로 타인과 소통해야 하다 보니 사전 준비도 필요하다. 마라톤과 마찬가지라고 생각하면 된다. 대화를 잘하기 위해서 목표를 정하고, 훈련계획을 세우고 필요한 장비를 준비해야 한다. 장비빨이라는 말이 괜히 있는 게 아니다. 대화의 기초체력이 되는 장비빨을 세우자.

비폭력대화

대화의 첫 번째 기초체력은 비폭력 대화이다. 우리가 주고받는 말 중 많은 말들이 폭력적인 경우가 많다. 폭력적 대화는 상대방을 위축시키거나 모욕감을 느끼게 하는 말을 의미한다. 꼭 욕을 하거나 대놓고 비난하는 말이 아니어도 위협적인 태도를 보이거나 감정적 압박을 가하는 말들도 포함된다. 폭력적 대화는 상대의 자존감을 하락시키고 진정한 대화로 이어지지 못한다. 특히 자녀에게 부모의 말은 언제든 폭력적으로 인식될 가능성이 크다. 관계의 우위를 점하고 있다고 느끼는 부모들은 자녀의 감정을 생각하기보다 자기 말을 하는 게 중요하기 때문이다.

사춘기 자녀들은 어떤 고운 말을 건네도 싸우자고 인식하고 으르렁대는 경우가 다반사다. 부모가 사춘기 자녀의 뾰족한 말에 휘말리지 않으면 반은 성공한 것이다. 이때 부모가 최소한의 인간성을 유지한 채 대화를 한다면 서로 마음 상할 일을 예방할 수 있다. 최소한의 인간성을 유지한다는 건 상대의 공격적 반응에 변명하거나 반격하는 것을 최소화하는 것이다. 비폭력 대화가 이에 해당한다. 마셜 B. 로젠버그의 '비폭력 대화'에서는 '비폭력'을 마음 안에서 폭력이 가라앉고 자연스럽게 본성인 연민으로 돌아간 상태를 가리켜 말한다. '비폭력 대화Nonviolent Communication, NVC '는 견디기 힘든 상황에서도 인간성을 유지할 수 있는 능력을 키워주는 대화 방법으로 정의한다.

마셜 B. 로젠버그는 비폭력 대화는 나의 바람대로 사람을 바꾸는 게 아니라 솔직함과 공감을 바탕으로 모든 사람의 욕구가 충족될 수 있는 관계를 만드는 것이라고 했다. 비폭력 대화를 하게 되면 존중과 연민의 마음으로 생각하게 되며, 자신을 솔직하고 정중하게 표현할 수 있게 된다. 비폭력 대화의 단계는 첫 번째, 판단이나 평가하지 않으면서 실제 일어나고 있는 것을 그대로 관찰하고, 관찰한 바를 명확하고 구체적으로 말한다. 두 번째, 그 행동에 대해 어떻게 느끼는지를 말하며 세 번째로 내 느낌이 내면의 어떤 욕구와 연관되는지를 말한다. 네 번째로는 구체적인 부탁을 하는 것이다.

우리가 다른 사람을 비판, 비난하는 것은 나의 욕구를 돌려서 표현하는 것이다. 자녀의 행동이 마음에 들지 않아서 야단치고, 잔소리하는 것도 부모의 욕구가 채워지지 않아서이다. 자녀에게 "넌 방 정리를 제대로 한 적이 없어"라고 한다면, '자녀가 방을 잘 정리하기를 바라는' 부모의 욕구가 충족되지 않았다는 것이다. "넌 맨날 반찬 투정이니"라는 말속에는 '골고루 먹기를 바라는' 욕구가 미충족되었다는 말이 포함된 것이다. 자녀에게 말할 때 부모의 욕구를 제대로 표현하지 않고, 비난하거나 비판하듯이 말한다면 자녀는 자기방어를 위한 반격에 나설 것이다.

자녀를 부모 욕구와 가치관에 따라 판단하면 자녀는 거부감을 느끼게 된다. 부모의 판단에 마지못해 따랐더라도 두려움과 죄책감, 수치심에 기인한 것이어서 결국에는 부모와 거리를 두게 된다. 부모와 거리가 생기면 갈등이 발생하고 갈등의 원인을 서로의 탓으로 돌리게 된다. 아무리 부모라 해도 자녀에게 부모가 원하는 것을 억지로 하게 할 수는 없다. 부모가 자기 생각과 느낌, 판단에 책임이 있음을 알지 못하면 자녀에게 위험한 존재가 될 수 있다.

그래서 자녀의 행동에 대한 느낌을 표현하는 것이 중요하다. 우리는 자기감정보다 다른 사람의 시선과 기준에 따라 행동한다. 그러다 보니 어떤 상황에서 실제 자신이 어떻게 느끼고 있는지 알아채지 못한다. 느낌과 생각은 다른데, 대부분 우리가 '느낀다'라고 말하는 것은 '생각'일 경우가 많다. 자녀의 행동에 관한 생각과 자신의 느낌을 구별할 수 있어야 한다. 느낌은 구체적으로 표현하는 것이 좋다.

자녀의 말과 행동에 대한 느낌은 다음과 같이 표현할 수 있다. 첫 번째는, 자녀가 "엄마는 항상 자기 생각대로만 해!"라고 했을 때 '내가 다른 사람은 신경을 쓰지 않았구나'라며 자녀의 판단을 그대로 수용하면서 자신을 비난할 수도 있다. 두 번째는 그런 말을 한 자녀를 비난하는 것이다. 세 번째는 자기 느낌과 욕구에 집중하는 것으로 "네가 그렇게 말을 해서 너무 슬프고 서운했어. 엄마는 너를 존중하고 싶었거든"이라고 말할 수 있다. 마지막으로 자녀가 표현하는 느낌과 욕구에 초점을 맞추는 것으로 "너의 의견을 존중하고, 수용해주기를 바랐는데 받아들여지지 않아 속상했구나"라고 말하는 것이다.

이때 주의해야 할 것은 부모 느낌의 책임을 자녀에게 돌려 죄책감을 느끼게 하고 이를 동기화하여 부모가 원하는 행동을 하게 하는 것이다. 많은 부모가 이 방법을 자주 사용한다. 예를 들면 이런 거다.

"너가 어른들에게 인사를 하지 않아서 엄마는 너무 창피해"
"너가 방 정리를 제대로 하지 않아서 너무 짜증이 나"
"시험이 코앞인데 너가 공부하지 않아 화가 나"

이런 말은 자녀의 행동에 따라 부모의 행복과 불행이 결정된다고 느끼게 하고, 어떤 행동을 할 때 자기보다 타인의 느낌을 우선시하게 만든다.

자녀의 행동만으로 부모가 어떻게 느꼈다고 말하기보다 부모의 욕구와 느낌을 구체적으로 표현하자. 그럼, 위의 말들을 바꿔보자

"엄마는 네가 예의 바르게 크기를 바라기 때문에 어른들에게 인사를 잘했으면 좋겠어."
"네가 자기 주변을 잘 정리하기를 바라기 때문에 방도 깨끗이 청소했으면 좋겠어."
"엄마는 네가 해야 하는 일을 주도적으로 했으면 좋겠어. 그래서 시험 준비도 최선을 다하기를 바라"

이렇게 부모의 느낌과 욕구를 연결해서 말하면 자녀도 비난받는다는 생각이 안 들고, 부모도 자기 말에 책임 의식을 가질 수 있다.

비폭력대화 NVC 는 다른 사람을 공감하고 자기의 관찰, 느낌,

욕구, 부탁을 표현하고 자기 공감을 통해 다른 사람과 연결하는 것이다. 사춘기 자녀들은 자율성에 대한 욕구가 매우 커지고 있다. 이때 부모들이 강제적인 태도를 보인다면 자녀는 부모가 원하는 것을 하지 않을 가능성이 더 크다. "이것을 해야 한다"는 강제적 말이 아니더라도, 같은 이야기를 반복하는 것 역시 부모가 원하는 것을 이루고자 하는 욕구의 반영임을 자녀는 금방 알아차린다. 부모의 욕구뿐만 아니라 자녀의 욕구도 중요하게 생각하고 존중하려는 마음이 있다는 것을 보여줘야 신뢰를 쌓을 수 있다.

 비폭력대화 팁

1. 단정적인 말을 하지 않기

자녀와 대화할 때 예외를 인정하지 않는 단정적인 말은 하지 않는 것이 좋다. 예를 들면 "언제나, 한번도 결코~한 적이 없다. ~할 때마다", "자주", "도무지 ~하지 않는다" 같은 말은 자녀를 딱 잘라 판단하는 것으로 반감을 일으키기 쉽다.

2. 느낌을 솔직하게 표현하기

첫 번째, 관찰한 것을 보고, 들은 것 해석, 판단하지 않고 있는 그대로 표현해야 한다.

두 번째, 내 느낌의 원인을 자녀의 행동 때문이라고 말하지 않는다.

"네가 늦장을 부려서 화가 나", "방에 쓰레기를 치우지 않아 불쾌해"와 같이 부모가 느낀 감정의 원인이 자녀의 행동에 있다고 말하는 방식이다. 자녀의 행동을 판단하고 비난하기보다 그 행동에 대한 내 느낌을 솔직하게 표현해야 한다.

세 번째, 느낌을 다양하게 표현한다.

3. 대화의 방해물을 사용하지 않기

첫째, 도덕적 판단이다. 자녀를 부모의 도덕적 기준에 의해 긍정적이거나 부정적으로 평가하거나 꼬리표를 달지 말아야 한다.

둘째, 강요하지 않아야 한다. 자녀의 욕구보다 부모의 욕구를 우선하고, 부모의 요구를 자녀가 들어주기를 바라는 것이 강요하는 것이다. "이렇게 해", "지금 해야만 해"처럼 말로 강요하지 않더라도 자녀가 부모의 요구를 이행할 때까지 계속 요청하는 것도 강요이다.

셋째, 당연시하지 말아야 한다. 자녀의 말과 행동에 대해 "그렇게 행동하는 것은 당연한 거야" "당연히 해야 할 일을 해서 상을 받는 거야" "네가 한 행동은 잘못됐기 때문에 당연히 벌을 받아야 해"처럼 상과 벌을 정당화하는 말도 조심해야 한다.

비언어적 의사소통

사춘기를 앞둔 부모들은 아이들의 세모눈을 걱정하기 시작한다. 선배 엄마들이 알려준 사춘기를 알아보는 중요한 변화 중 하나가 세모눈이다. 세모눈을 뜨기 시작하면 '아, 드디어 사춘기가 시작됐구나.'라고 생각하면 된다. 사람의 눈은 타원형으로 각이 없다. 각이 있는 눈을 가진 사람은 아마 본 적이 없을 것이다. 그렇다면 사춘기 아이들은 왜 각진 세모눈이 된다고 표현할까? 사춘기에 접어든 아이들은 세상을 날카롭게 바라보고 자신과 주변의 모든 것을 비판적으로 생각하기 시작하는데 그런 변화가 곱게 나타나지 않는 것을 비유한 것이다. 그럼 왜 도형의 여러 모양 중 하필 세모일까? 네모도 각진 모양은 비슷한데 말이다. 뾰족한 세 각이 조금만 잘못하면 찔릴 것 같은 느낌 때문이 아닐까. 자녀가 세모 모양으로 눈을 뜨기 시작했는지 잘 살펴보자.

사춘기 자녀는 외계인 같은 외모를 갖고 싶어 세모눈을 뜨는 게 아니다. 밤이 되면 잠을 자듯이 사춘기가 되었기 때문에 세모눈으로 변한 것뿐이다. 인간에게서 찾아볼 수 없는 형태의 눈을 마주치더라도 놀라거나 당황하지 말고, 눈 속에 담긴 자녀가 하고 싶어 하는 말을 찾아보자. 눈을 오래 마주보고 있으면 등골이 오싹해지거나 싸움으로 이어질 수 있으니 재빠르게 포착하는 게 중요하다. 눈의 모양에 집중하지 말고 눈 속에 담긴 자녀가 하고 싶은 말, 감정을 읽는 연습이 필요하다. 그것이 비언어적 의사소통이다. 언어로 전달하는 것이 아닌 표정, 몸짓, 손짓, 말투, 비언어적 음성 한숨, 탄식 등 을 포함한 의사소통 수단이다.

사춘기 자녀의 비언어적 의사소통을 눈여겨봐야 하는 이유는 대체로 언어적 소통이 불가능하기 때문이다. '언어적 의사소통'이 된다고 하더라도 "응", "아니", "몰라"의 말로 이루어진다. '언어'이지만 '언어'라 할 수 없는 말들이다. 말을 좀 길게 한다손 쳐도 대부분 부모의 말에 반대하거나 동의하지 않거나, 수긍하지 않고 이해하지 못하겠다는 말이 대부분이다. 눈치챘는가? 긍정의 언어를 기대하면 안 된다는 것이다. 물론 이렇게라도 말해준다면 감사할 노릇이다. 묵묵부답, 무응답일 경우도 아주 많다. 그렇다고 자녀들이 부정적 생각만 하는 건 아니다. 사춘기의 특성 때문에 표현을 그렇게 하는 것뿐이다. 그렇게 믿어야 한다.

그렇다면, 사춘기에 접어들어 세상 속에 홀로 버려진 듯한 기분을 느끼며 혼란을 겪고 있는 자녀들의 속마음은 어떻게 알 수 있을까? 앞에 앉혀놓고 "엄마는 너의 마음을 알고 싶어. 진실한 이야기를 해주겠니?"라고 요청하면 통할까? 아니면 "네가 말하지 않아서 엄마가 알 수 없잖아! 앞으로도 말하지 않으면 나도 어쩔 수 없어! 네 맘대로 해!!"라고 협박을 하면 입이 열릴까? 둘 다 잠깐은 통할 수 있다. 하지만 그런 방법은 시춘기 터널을 빠져나오는 긴 시간 동안 유효하지 않다. 심리학자인 메리비언은 메시지 중 말은 7%만 작용하며 비언어적 메시지가 93%의 의미를 전달한다고 했다. 언어적 소통보다 비언어적 소통이 전달력이 높으며 더 본질적이고 진실한 의미를 담고 있을 때가 많다.

비언어적 의사소통은 어떻게 하면 효과적일까? 첫 번째는 눈맞춤이다. 사춘기 자녀와 눈을 맞추기는 매우 어려운 일이지만 소통을 위해서 눈 맞춤은 필수이다. 세모눈 속에 숨어 있는 눈동자에 어린 자녀의 속마음을 들여다보자. 속마음을 꼭 알아내겠다는 일념으로 뚫어져라 쳐다보면 자녀는 눈을 감아버릴 것이다. 지나친 눈맞춤, 강력한 눈빛은 조심하자. 자녀에게는 공격적이고 지배하고자 하거나 우월감을 표현하는 것으로 느껴질 수 있다. 두 번째는 자녀의 이야기를 들을 준비가 되어있다는 모습을 보여주는 것이다. 팔짱을 낀다거나 의자에 비스듬히 기대어 앉는 등의 모습은 말하려다가도 멈추게 만든다. 세 번째는 적절한 반응을 보여야 한다. 자녀의 말에 동의할 때는 고개를 끄덕이거나 궁금한 것이 있을 때 궁금하다는 표정을 짓는 것이다. 몸짓과 손짓을 통해 자녀의 말을 잘 듣고 있음을 보여 줄 수 있고, 부모의 생각도 자연스럽게 전달할 수 있다.

자녀의 생각과 마음을 알기 위한 수용적 비언어적 소통 외에 부모가 전달하고 싶은 메시지를 표현하는 비언어적 소통도 활용해야 한다. 사람은 누구나 잘못을 지적받으면 기분이 나쁘고 대화하고 싶지 않다. 뇌의 재배치와 호르몬의 방출로 힘든 시기를 겪고 있는 사춘기 자녀들은 더하다. 이해할 수 없고 화가 나는 행동을 일삼는 사춘기 자녀에게 그때마다 지적하고 잔소리를 한다면 역효과만 일어날 것이다. 비언어적 소통을 이럴 때 잘 활용하면 갈등없이 부모가 원하는 것을 전할 수 있다. 고개를 젓거나, 이맛살을 찌푸리거나 '음..'과 같은 말의 의도적 활용은 자녀와 대화가 원활히 이루어지기 어려운 상황에서 더욱 효과적이다.

반면 주의해야 할 것도 있다. 아이에게 메시지를 전하기 위한 비언어적 소통이 아니라 부모의 감정을 드러내는 비언어적 소통은 피해야 한다. 자녀의 말이나 행동이 마음에 들지 않을 때 인상을 쓰고 있거나, 한숨을 쉬거나 "어휴", "참, 내…."와 같은 자조적 말들을 사용한다면 자녀는 자신을 비난한다고 받아들인다. 자녀와 대화할 때 눈맞춤이 중요하다고 했던 것을 기억하는가? 자녀는 부모의 눈 속에 비친 자기 모습을 바라보게 된다. 찌푸려져 있는 부모의 눈 속에 비친 자신을 바라보는 자녀는 어떤 생각을 할까? 반짝이는 부모의 눈 속에 비친 자신을 바라볼 때는 어떤 느낌을 받을까? 자녀들은 부모의 눈에 비친 자기 모습대로 살아가게 된다. 비언어적 소통은 자녀와의 대화를 수월하게 만드는 장치가 되기도 하고, 자녀가 어떤 사람으로 자랄지 정하게 하는 기준이 되기도 한다.

감정이 얼굴에 너무 잘 드러나는 엄마를 둔 준호는 눈치가 빨라졌다. 작은 일에도 긴장하고, 눈치를 살피는 모습을 보면 안쓰럽다. 몸이 좀 피곤하거나 기분이 안 좋은 날은 여지없이 슬며시 다가와 "엄마, 기분 안 좋아?"라고 묻는다. "아니 괜찮아"라고 말해도 곁을 떠나지 않고 다리나 어깨 안마를 해준다. 마사지를 좋아하는 엄마의 취향을 잘 아는 준호 나름대로 엄마 기분을 풀어주려는 방법이다. 단순히 준호가 눈치가 빨라서 엄마의 기분을 잘 알아채는 게 아니다. 커오는 동안 엄마가 보여준 비언어적 의사소통 방식 때문이다. 기분이 나쁘거나, 화가 났거나, 슬픈 감정들을 말로 표현하지는 않았지만 온몸으로 표현했기 때문이다. 아이들은 금방 눈치채고, 학습하며 영향받는다. 그래서 부모의 감정조절과 표현 방식이 매우 중요하다.

사춘기가 되면 자기가 무슨 말을 하고 싶은지, 어떻게 표현해야 할지 혼란스러워한다. 정체성이 확립되는 시기이기 때문에 자기 확신이 낮기 때문이다. 점점 말이 줄어드는 자녀에게 말을 안 한다고, 말해도 대답이 없다고 "말을 해야 알지!", "어휴, 무슨 말을 못 해"라는 식의 대응은 전혀 얻을 수 있는 게 없다. 자녀가 온몸으로 표현하는 감정과 마음 상태를 알아봐 주는 게 자녀와 갈등을 줄이고 소통하는 가장 빠른 의사소통 방법이다. 일차적으로 표현되는 말과 행동에 의미를 깊게 두지 말고, 그 속에 숨겨져 있는 자녀의 욕구를 알아차리기 위해 노력해야 한다. 부모 또한 말을 줄이고, 다른 형태로 자녀에게 뜻을 전하는 연습이 필요하다.

사실 중심 대화

"준호야, 수학 선생님께 숙제 오늘까지 제출해야 한다고 연락이 왔어."

"지금 하고 있어. 근데 양이 너무 많아서 시간이 오래 걸려"

"얼마나 걸릴 것 같아?"

"한 시간 정도?"

"그럼 시간이 너무 늦어서 잘 시간이 지나는데 낮에 미리 좀 하지 그랬어."

"낮에 시간이 없었어."

"낮에 왜 시간이 없어? 방학이라 학교도 안 가고 오늘은 학원도 없었는데, 하루 종일 뭐 하느라 시간이 없어?"

"……"

"이봐, 이봐. 하루 종일 게임하고, TV나 보면서 놀았으면서 시간이 없다는 말이 나오니? 과자 먹은 쓰레기도 안 치우고, 옷은 옷걸이에 걸라고 몇 번을 말했어!"

"……"

"엄마 말 안 들려? 대답해야 할 거 아니야. 이렇게 게을러서 나중에 뭐 해 먹고살 거야? 어? 도대체 언제까지 잔소리해야 해! 대답 안 해!!!"

선생님께 숙제를 보내야 한다고 얘기하려던 것뿐인데 결국 아들과 대화는 실패했다. 오늘만큼은 우아하게 교양 있는 목소리로 아들과 대화하고 싶었지만, 꾹꾹 담아뒀던 마음의 소리가 터져 나왔다. 뚱한 목소리와 세모눈만 보면 화가 치밀어오르는 것도 병이라면 병이겠다. 사춘기 자녀와 대화하다 보면 원래 하려던 말이 아닌 다른 말을 하고 있을 때가 자주 있다. 어느 순간부터 주제가 바뀌었는지도 모르게 말이다. 대화 주제가 바뀌는 것은 흔한 일이지만 상대가 사춘기 자녀라면 조금 위험하다. 주제만 바뀌었다면 다행이지만 좋은 말로 시작한 대화가 비난하거나 공격하는 말로 바뀌었을 가능성이 크기 때문이다. 부모의 마음은 그렇지 않은데 대화하다 보면 자녀를 비난하거나 공격하는 말을 할 때가 있다.

이럴 때 효과적인 것이 사실 중심 대화법이다. 태도, 말투, 예전의 실수, 미래에 대한 부정적 추측 등을 말하는 게 아니라 현재 나타난 사실만을 객관적으로 표현하는 것이다. 자녀가 한 말, 부모가 관찰하여 알게 된 사실을 확인하고, 그로 인해 부모가 느낀 감정과 앞으로 자녀가 어떻게 했으면 좋겠는지를 전달하는 방식이다. 부모의 짐작, 추측으로 판단하지 말고 자녀에게 직접 물어보는 것이 좋다. 확인된 사실을 중심으로 말하되 자녀의 인격, 성격, 태도 등으로 확대하지 않는 것이 중요하다. 사춘기 자녀는 감정 변화가 심하여서 대화하다 보면 사실을 벗어나 감정적인 말을 하게 되는 경우가 있다. 부모는 자녀의 감정 변화에 휘둘리지 말고 차분함을 지키는 것이 필요하다.

부모의 관점에서 보면 자녀의 행동이 부족해 보이고, 마음에 안 들 수밖에 없다. 부모는 이미 실패를 경험하며 문제를 해결할 좋은 방법을 알고 있지만, 자녀는 이제 그 과정을 경험하기 시작했기 때문이다. 자녀의 실패를 줄여주고 싶어서, 부모가 그 과정을 견디지 못해서 자녀에게 해결책을 제시하고, 대신 해결해 주기도 한다. 이런 개입은 자녀에게 또 다른 압박이 된다. 자녀가 해낼 수 있는지 없는지는 아직 경험해 보지 않았기 때문에 알 수 없는 일이다. 자녀가 실패할 것이고, 완벽하게 해내지 못하리라는 것은 부모의 추측일 뿐이다. 물론 경험적 근거에 의한 판단이겠지만, 실제 일어난 일은 아니기 때문에 자녀에게는 '넌 이걸 해결할 능력이 없어'라는 메시지를 주는 것밖에 되지 않는다.

자녀의 문제를 대신 해결해 주겠다는 생각은 접어두고 스스로 해결책을 생각해 볼 수 있는 질문을 던지자. 아, 질문 전에 공감이 먼저라는 것을 잊으면 안 된다.

"저런, 그런 일이 있었구나. 네가 아주 속상했겠다. 그 문제를 해결하기 위해 넌 어떻게 해볼 생각이니?",

"아, 정말? 너무 억울했겠는데!! 지금은 어때? 괜찮아졌어?", "그때 어떻게 했으면 좋았을 것 같아?"

이런 질문을 통해 자녀는 스스로 생각하게 되고 문제해결 능력이 향상된다. 이때 주의할 것은 자녀가 나름대로 고민해서 생각해 낸 의견을 무시하거나 반대하지 않아야 한다는 것이다. 자녀의 의견이 만족스럽지 않더라도 의견을 내기 위해 고민한 자녀의 수고를 인정해 주자. 인정한 후 부족한 게 있다면 다른 방법을 생각해 보도록 권유해 보자.

"그렇게 생각할 수도 있겠구나"

"네 말도 맞아. 좋은 의견이라고 생각해. 혹시 이런 부분은 다른 방법은 없을까?"

"네가 고민을 많이 한 게 느껴지네. 너의 생각도 일리가 있어. 그런데 엄마 생각에는 이 부분도 고민해 보면 또 다른 방법을 찾을 수 있을 것 같아"

사춘기가 되면 자녀는 점점 말수가 줄어든다. 집보다 학교와 학원에서 보내는 시간이 많아지면서 자녀에게 무슨 일이 일어나는지 다 알 수 없으니, 부모는 불안하기만 하다. 이제는 자녀가 온전히 감당해야 하는 시기이다. 어떤 어려움이 생길지 모르는 불안감은 자녀가 스스로 해결해 나갈 것이라는 믿음으로 극복하자. 확인되지 않은 일로 자녀를 추궁하거나 불안하게 하지 말고, 사실에 기초해서 소통해야 한다. 자녀는 아직 성장하는 중이기 때문에 부모만큼 다양하고 효과적인 해결 방법을 찾지 못할 수도 있다. 부모가 언제든 자녀를 도울 마음이 있고, 도울 수 있다는 말을 자주 해주면 정말 도움이 필요한 일이 생겼을 때 혼자 고민하지 않고 손을 내밀 것이다. 그렇게 함께 성장해 가야한다.

"언제든 엄마가 도울 일이 있으면 알려줘"

"엄마는 너를 도울 준비가 되어있으니, 어려운 일이 있을 때는 꼭 말해줘"

"엄마가 도와줄 것은 없어?"

지금 당장은 자녀가 도움을 요청하지 않더라도 혼자 감당하기 힘들고 어려운 일이 생겼을 때 평소에 들었던 부모의 말이 용기를 갖게 하는 힘이 되어줄 것이다.

사춘기 특성 대화법

사춘기 자녀에게 필요한 것은 부모의 관심과 애정이다. 물론 직접적으로 표현하면 질색하겠지만, 부모의 사랑을 원하지 않는 것은 아니다. 어렸을 때부터 꾸준히 자녀에게 관심과 애정을 표현해 왔다면 격동의 시기인 사춘기에도 부모의 사랑에 대한 믿음이 마음속 깊은 곳에 남아 자녀를 지탱해 주는 힘이 된다. 사춘기에는 어떻게 관심과 애정을 표현해야 할까? 어린아이에게 하듯이 끌어안고 볼에 입을 맞추며 사랑 표현을 할 수도 없고, "사랑해"라고 말을 해도 뚱한 표정으로 쳐다도 보지 않아 상처받기 일쑤다. 성인이 되어가는 길목에 있는 사춘기 자녀에게는 대화로 사랑과 신뢰를 보여주는 것이 가장 효과적이다. 사춘기 자녀와 대화는 어떻게 해야 효과적일까?

첫째, 사춘기 자녀와 대화할 때는 과장해서 말하지 말아야 한다. "너는 항상 그래", "너는 한 번도 약속을 지킨 적이 없어"와 같이 항상 그렇게 행동했고 변하지 않을 것이라는 전제를 갖고 말하면 안 된다. '늘, 매일, 항상, 언제나'와 같은 극단적인 단어는 사용하면 반발심만 불러일으킨다. 한, 두 번의 실수를 자녀의 인격이나 성격 때문인 것처럼 과장하거나 일반화해도 안 된다. 사춘기에는 자존감을 매우 중요하게 여기지만 쉽게 무너지기도 한다. 부모가 다시는 잘못된 일을 반복하지 않게 하려고 자녀의 실수나 잘못을 과장해서 말하면 자신을 그런 사람으로 여기고 자존감이 무너질 수도 있다.

둘째, 자녀와 관계를 위한 대화를 해야 한다. 부모들은 대체로 자녀에게 원하는 바가 있을 때 말을 건다. 말을 걸 때는 원하는 게 없는 것처럼 자연스럽게 시작하지만, 눈치가 백 단인 자녀들은 금방 알아챈다. "또 뭐 하라는 거지?", "왜?"라는 메시지를 온몸으로 보낸다. 결국 대화는 실패로 끝나고 만다. 부모의 목적을 달성하기 위한 대화가 아니라 자녀와 관계를 위한 대화를 해야 한다. 그러려면 대화에 재미를 느껴야 한다. 부모의 진심이 느껴져야 한다. 부모가 나를 궁금해하고, 나와 이야기를 나누고 싶어 한다고 느껴야 대화에 참여한다. 목적이 있더라도 들키지 않게 대화를 이끌어가는 기술이 필요하다.

자녀가 재미있게 느끼고, 참여하고 싶은 대화는 어떻게 이끌어가야 할까? 첫 번째는 자녀가 대화에 참여할 준비가 되어있는지 확인하는 것이다. 자녀에게 하고 싶은 말이 있으면 "준호야, 이리 와봐. 잠깐 얘기 좀 하자."라고 호출한다. 자녀는 "왜?"라고 대화의 목적을 묻지만 "일단 와봐. 할 말 있어서 그래"라는 통보만 들을 뿐이다. 시작부터 잘못된 대화가 된다. 자녀가 지금 대화를 나눌 시간이 되는지, 대화의 주제는 무엇인지를 사전에 얘기해줘야 한다. 자녀가 대화하고 싶은 마음이 없다면 억지로 시작해서는 안 된다. 두 번째는 공감의 표현으로 맞장구를 치는 것이다. 사람은 누구나 공감받기를 원한다. 질풍노도의 시기를 겪고 있는 사춘기 자녀는 공감에 목말라 있다. 자녀의 말에 적절하게 맞장구를 쳐주면 대화가 술술 이어질 것이다. 혹여라도 동의하지 않거나, 이해할 수 없는 말을 하더라도 "그랬니? 어머!"와 같이 흥미를 보여주어야 한다. 부모의 모습을 보며 자녀도 다른 사람과 대화할 때 맞장구치며 공감하는 법을 배운다. 세 번째는 질문하는 것이다. 질문은 최고의 관심 표현이다. 관심이 없으면 궁금하지도 않기 때문에 자녀의 이야기에 질문을 하면 자녀는 신이 난다. 부모가 질문하면 자녀는 설명이 부족했다는 것을 깨닫고 추가 설명을 하는 과정을 통해 의견 전달력이 높아진다.

셋째, 대화도 기술이 필요한데, 자연스럽게 몸에 배어 나오는 습관 같아야 한다. 끼니때가 되면 밥을 먹고, 자기 전에는 샤워하듯이 대화의 기술도 천천히 익혀 습관이 되게 해야 한다. 대화의 기본기술 중 첫 번째는 대화가 중단되지 않게 미리 준비하는 것이다. 대화의 주제, 어떤 방식으로 말할 것인지 등을 생각해 두어야 한다. 주제를 정하기 어렵다면 평소 자녀가 자주하는 말, 오늘 했던 말처럼 자녀의 관심사를 파악해 두면 도움이 된다. 어떻게 찾아온 기회인데 허무하게 놓칠 수는 없지 않은가! 두 번째는 대화가 어떻게 진행되는지 살피는 것이다. 자녀의 눈치를 보라는 것이 아니라 자녀가 대화에 적극적으로 참여하고 있는지, 분위기는 편안한지 살펴서 대화가 유지되게 하는 것이다. "지금 마음이 불편한 것 같은데, 걱정하지 말고 편하게 얘기해도 괜찮아.", "네가 하고 싶은 얘기를 할 때까지 엄마는 기다려줄 수 있어"처럼 자녀가 부모와의 대화에 압도당하지 않게 살피며 자녀의 마음을 편안하게 해주는 것이다. 세 번째는 대화가 힘든 상황이 생겼을 때 누구에게도 상처가 되지 않게 벗어나는 것이다. 사춘기 자녀와의 대화는 순간순간이 고비일 수 있다. 잘 참다가도 한순간 폭발해버리면 시작하지 않은 것만 못하다. 대화가 더 이상 이어지기 힘들다고 판단되면 부모도, 자녀도 상처받지 않게 일단 마무리하는 것이 중요하다. 이럴 때는 휴식을 갖는 것이 좋다. 서로 감정을 가라앉히고, 대화가 가능할 때 다시 시작하자.

넷째, 사춘기 자녀들은 부모와 다른 의견을 말할 때 용기가 필요하다고 한다. 부모로부터 부정당하고 거절당한 경험이 많으면 더 어려운 숙제로 느껴질 수밖에 없다. 자녀가 '전 그것보단 이게 나은 것 같아요.'라고 말했을 때 "넌 어려서 아직 잘 몰라서 그래", "그냥 내 말대로 해."라는 식의 부정적 예측과 강압적인 말을 하지 않아야 한다. 사춘기 자녀에게는 다른 생각을 표현해도 거절당하지 않고 안전한 관계가 유지되는 경험이 필요하다. 부모에 대한 신뢰가 있어야 하는 것이다. 부모로부터 신뢰받고, 지지받는 경험은 타인과의 관계에서 자기 의견을 정확히 말할 수 있는 용기를 내게 한다. 일방적으로 가르치려 하지 말고 부모도 모르는 게 있고, 부모가 모르는 걸 자녀가 알 수도 있다는 것을 인정하자. 내 자녀가 자기만의 주관이 생기고, 다르게 생각할 줄 알게 됐다는 사실이 얼마나 멋진가!

다섯째, 예민한 사춘기 자녀라고 해서 무조건 맞춰줘야 하는 건 아니다. 정중하면서 솔직하게 부모의 생각과 감정을 전하는 게 중요하다. 부모도 상처받을 수 있다. 이를 알려주는 것도 자녀 교육의 일부분이다. 부모의 솔직한 말을 들었을 때 자녀의 반응이 걱정되어 숨긴다면 진솔한 대화는 기대하지 않는 게 좋다. "네 생각은 이해하지만, 엄마 기분이 좋지는 않아."라고 부드럽지만 솔직하게 말해보자. 부모는 자녀를 기다려 주고 묵묵히 지켜보면서 필요할 때는 표현하는 지혜를 갖춰야 한다. 자녀가 상처받을까 봐 표현하지 않고 지켜만 보는 것은 오히려 독이 될 수도 있다.

 ## 효과적인 대화를 위한 가이드라인

1. 자녀의 생각 묻기

"더 하고 싶은 말이 있니?"라고 물어주자. 사춘기 자녀는 아직 얘기가 끝나지 않았는데 말을 끊으면 무시 받는다고 느끼기 쉽다. 대화 중간에 대화 내용을 확인하면 경청하고 있다는 메시지를 줄 수 있다. 긴 대화가 아니더라도 일상에서 자녀에게 질문하는 것은 무척 중요하다. 자기 생각을 물어주기 때문에 존중받는다고 생각하며 질문을 받으면서 생각을 정리하게 된다. "밥을 늦게 먹으면 이후 일정은 어떻게 될까?", "오늘 하루를 어떻게 마무리해볼까?", "어떻게 하고 싶어?"

2. 자녀의 말 요약하기

자녀가 말한 이야기를 단어로 표현하며 이해하고 있음을 알려주는 방식이다. 경청하고 있다는 느낌을 줄 수 있고, 자녀의 이야기가 잘 전달되는지 확인할 수도 있어 일석이조다. 중요하지 않은 이야기는 공감 표현으로 대신할 수도 있다. 주의해야 할 점은 자녀보다 길게, 부모의 생각을 넣어서 이야기하지 않아야 한다.

3. 자녀의 감정으로 성찰해보는 대화법

자녀의 감정을 기준으로 부모의 대화법을 성찰해보면 자녀를 이해하기 쉽고 효과적인 대화가 가능해진다.
부모가 자녀의 감정을 이해해준다고 느끼는가?

부모가 자녀를 있는 모습 그대로 수용하고, 편견을 갖지 않는다고 느끼는가?

부모가 자녀를 격려하고 지지한다고 느끼는가?

부모가 자녀에게 문제가 생기면 자녀 스스로 해결할 수 있을것이라 믿는다고 느끼는가?

부모가 자녀를 무시하지 않는다고 느끼는가?

부모는 자녀를 온전한 존재로 인정하고 신뢰한다고 느끼는가?

PART
2

대화, 부모의
준비에 따라
달라진다

1

부모의 마음가짐, 대화의 성패를 좌우한다

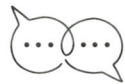

'오늘은 흥분하지 말고, 화내지 말고 얘기를 끝까지 해봐야지'
준호의 방문 앞에서 몇 번을 다짐한다. 사춘기가 시작된 이후 무슨 말만 하면 서로 으르렁대는 일이 잦다 보니 미리 준비가 필요하다. 첫 마디는 뭐라고 할지, 어떤 표정을 지을지 마무리는 어떤 말로 할지 여러 번 생각하고 머릿속으로 시뮬레이션하며 드디어 노크했다.

"준호야, 뭐 하고 있어?"
"왜?"

세모눈으로 짜증스럽게 대답하는 모습을 보자 가슴속 깊이 묻어두웠던 화에 불이 붙기 시작했다. 다행히 문 앞에서 했던 다짐들이 재빠르게 불을 꺼주었다.

"아니~ 뭐 하나 궁금해서. 오늘 학교는 어땠어?"
"재밌었어."

휴대폰 화면에 고정된 눈은 움직일 줄 모르고 진위를 알 수 없는 단답형의 대답만 돌아왔다. 다시 불이 붙기 시작했다.

"엄마가 물어보면 눈을 보면서 대답해야 하지 않겠니?"
"어."

여전히 휴대폰에 고정된 눈은 나를 향하지 않았다. 마른 장작에 붙은 불은 활활 타오르기 시작했다.

"너는 무슨 애가 어른이 말을 걸면 쳐다도 안 보고, 대답도 건성으로 하고! 어? 똑바로 안해? 이딴 식으로 하면 누가 너랑 말을 하고 싶겠어!!!"

결국 오늘 하루 어땠는지 스몰토크를 하며 아들과 화기애애한 시간을 보내고 싶었던 바람은 물거품이 됐고, 서로를 씩씩거리며 노려보며 대화의 시도는 허무하게 끝났다.

자녀와 대화해 보려던 노력이 물거품으로 끝난 이유는 무엇일까? 자녀의 무성의한 대답과 버릇없는 태도 때문일까? 자녀의 태도를 이해하고 수용하지 못한 부모의 잘못일까? 자녀의 행동은 당연하다. 재미있게 휴대폰을 하고 있는데 갑자기 엄마가 들어와서 학교 얘기를 묻고, 태도를 지적하니 기분이 상할 수밖에 없다. 누구나 자기 시간을 즐기고 있을 때 방해받으면 짜증이 나게 마련이지 않은가. "왜?"라고 물으며 세모눈을 떴을 때 엄마가 눈치채고 후퇴했어야 한다. 방해하지 말라는 신호를 무시하고 전쟁에 승리하겠다는 듯이 기세 좋게 밀어붙인 엄마의 실수다. 사춘기 자녀의 특성을 알고 있다면 자녀의 뚝뚝한 반응에도 더 참았어야 한다. 부모의 마음가짐에 따라 대화의 성패가 달라지기 때문이다. 얼마나 더 참아낼 것이냐, 얼마나 더 감당해낼 것이냐, 얼마나 더 견뎌낼 것이냐에 따라 사춘기 자녀와 대화 성공률이 달라진다.

어렸을 때 조잘거리던 아이의 모습을 아련하게 추억하며 눈물짓지 말자. 사춘기 자녀들과도 말을 주고받을 수 있다. 어렸을 때처럼 조잘조잘 떠들어대지는 않더라도 사람답게 서로 대화를 할 수 있다면 그것만으로 얼마나 대단한 일인가. 자녀와 사람다운 대화를 나누고 싶은 마음이 앞서면 서두르게 되고, 재촉하고 강요하게 된다. '내가 이렇게까지 노력하는데 왜 안 바뀌지?'라는 생각은 결국 부모의 기대대로 자녀가 움직여 주기를 강요하는 것밖에 되지 않는다. '노력하다 보면 바뀔 거야.'라고 생각하며 자녀를 믿고 기다려 줘야 한다. 기다림의 시간은 부모도 함께 성장하는 귀한 시간이다.

마음이 변하면 행동도 변한다. 행동이 변한다는 것은 자녀와 대화하는 방법을 바꿀 수 있게 됐다는 것이다. 자녀에게 말을 걸었을 때 어제보다 오늘은 대답을 한마디라도 더했거나, 눈을 마주쳤거나, 묻지도 않은 이야기를 꺼냈다면 고맙다고 말해주자.

"준호가 오늘 엄마 눈을 보면서 얘기해줘서 엄마가 존중받는 느낌이었어. 고마워."

"준호야, 학교에서 있었던 일을 먼저 얘기해줘서 엄마가 궁금한 게 풀렸어. 고마워"

"준호야, 말투가 부드러워서 준호랑 얘기할 때 엄마 마음이 편안했어. 고마워"

내일은 또 눈도 안 마주치고, 단답형으로 대답하고, 아예 대답을 안 할지도 모른다. 그래도 잘하지 못하는 것보다 잘하는 것, 잘한 것에 관심 두고 자녀에게 얘기해 주자. 갑자기 자녀가 명연설가가 될 수 없고, 과묵한 아이가 수다스럽게 변하지도 않는다. 자녀가 특별히 대단한 일을 했을 때만 인정하고 따뜻한 미소를 지어주지 말고, 평소 자녀의 모습 그대로를 인정해 주자. 그러면 대화가 쉬워진다.

사춘기 자녀와 대면하다 보면 속에 천불이 나게 하는 행동이

한, 두 가지가 아니다. 눈빛, 말투, 표정, 옷차림 등등 말해 뭘할까. 자녀의 부정적인 모습만 이리저리 들춰 찾아내다 보면 '뭐 저런 게 다 있나?' 싶어진다. 그럴 땐 꼬물거리며 안겨 오던 자녀의 사랑스러운 모습을 떠올려 보자. 그때는 어떤 짓을 해도 다 예쁘지 않았는가. 사춘기 자녀도 마찬가지다. 부정적인 모습에 집중하지 말고 한 번씩 넘어가 주는 것도 필요하다. 부모의 기대만큼 잘 해내지 못하는 것에 실망하지 말고 지금 잘하고 있거나, 할 수 있는 행동에 주목하자. 사실 자녀들의 행동 중 대다수는 부모가 정한 기준에 맞지 않아서 문제화되는 경우가 많다.

세상을 바라보는 방식을 정하는 정신적 틀이 프레임이다. 내 안에 있는 생각이 프레임의 본질이며 언어를 통해 전달한다. 자녀를 바라보는 부모들도 각자의 프레임이 있다. 부모 각자 삶 속에서 형성된 프레임을 갖고 있으며 자녀들에게 이를 적용한다. 부모의 프레임이 모두 옳다고도 그르다고도 할 수 없다. 다만 지금 자녀와 소통에 어려움이 있다면 또는 대화를 더 잘하고 싶다면 '리프레이밍' 할 시점이다. 다른 시선으로 현상을 바라봄으로써 시각의 틀을 바꾸는 것이 리프레이밍이다. 자녀에 대한 부모의 프레임을 리프레이밍 해보자. 못마땅하기만 했던 점이 있다면 장점으로 바꿔서 보려고 노력해 보자. 프레임은 언어를 통해 전달되기 때문에 자녀에 대한 프레이밍 전환은 자녀에게 사용하는 언어가 달라지게 함으로써 대화에 긍정적 도움이 된다. 예를 들면 '우리 아이는 숙제할 때 시간이 너무 오래 걸려요'를 '우리 아이는 숙제를 신중하게 생각하면서 해요'라고 바꾸는 것이다.

내가 아닌 타인을 완전히 이해하는 것은 불가능한 일이다. 내속으로 낳은 자식도 마찬가지이다. 피를 나누어 가졌지만, 타인이다. 자녀에 대해 아무것도 모른다고 생각하면 이해하기 쉬워진다. 자녀를 부모의 소유물이 아닌 독립된 존재로 인정하는 첫걸음이자 대화의 시작이 될 것이다. 자녀에게 해결해야 할 일이 생겼다면 '애는 왜 이럴까'라고 생각하는 것이 아니라 관점을 리프레이밍해서 '어떤 이유로 이렇게 행동했을까? 나는 어떻게 행동해야 할까'를 고민해 보자. 자녀와 나누는 대화 자체가 달라질 것이다.

부모는 자녀를 바라보는 관점을 리프레이밍 하기 위한 자신만의 철학을 갖고 있어야 한다. 필자는 자녀의 사춘기를 맞이하며 다음과 같은 기준을 세우고 자녀와 소통하기 위해 노력하고 있다. 첫째, 자녀는 무한한 잠재력이 있다. 둘째, 자녀는 스스로 해결해 나갈 힘을 갖고 있다. 셋째, 사람마다 속도가 다르니 자녀의 속도를 기다려 줘야 한다. 부모의 철학과 기준을 정했다면 자녀와 소통할 때 주도적인 대화를 하면 된다. 주도적이라는 것은 대화를 주도한다는 것이 아니라 주어진 자극에 순간적으로 반응하지 않고 생각한 후 선택적으로 반응하는 것을 말한다. 자녀를 주의 깊게 관찰하고 부모 철학에 기반해 소통한다면 좋은 파트너가 될 수 있다.

2

부모의 자기돌봄이 우선이다

부모의 욕구 충족은 자녀 돌봄의 첫 번째 열쇠

"저도 요새 큰애보고 현타와서 직장이나 다녀서 돈이라도 갖고 있을걸, 이렇게 키우려고 집에 있었나 싶어요ㅜㅜ"

"그냥 종일 허무해서 자꾸 눈물이 나는데 이거 우울증입니까?"

"요즘 우울의 늪에서 빠져있었어요. 무기력도 심하고요…. 그래서 그냥 매일 잠만 자며 지냈답니다."

"전 지금 무기력증이 와서 아무것도 하질 못하겠어요ㅜㅜ"

"저는 그러다가 화가 안 가라앉고 슬픔이 차올라 우울해집니다…."

40여 명의 30대~40대 엄마들이 모여있는 단체 대화방에서 오고 간 대화의 일부이다. 우울증을 진단받은 사람도 있고, 우울감을 겪고 있는 사람도 있다. 원인은 알 수 없다. 가정 내 불화일 수도, 통장 잔고 때문이거나 단절된 경력 때문일 수도, 말 안 듣는 자녀가 원인일 수도 있고, 생화학적 또는 유전적 요인일 수도 있다. 원인은 알 수 없지만, 우울감을 극복하기 위해 다양한 노력을 한다. 전문병원에서 약을 처방받아 복용하기도 하고, 일부러 바깥 활동을 하려고 각종 체험단 이벤트에 참여하기도 한다. 무거운 몸을 이끌고 도서관에 가서 책을 읽기도 하고, 책을 쓰기도 한다.

몸이 아프고, 마음이 힘들고, 아무것도 하기 싫은데 애를 써서 뭔가를 하는 이유는 자녀 때문이다. 밥 차려주고, 숙제 봐주고, 학원에 데려다주고 데려오며 부모 역할을 하기 위해서 말이다. 그러려면 힘이 있어야 하고, 엄마 마음이 편안해야 하니까. 엄마의 마음 온도가 자녀에게 어떤 영향을 미치는지 그게 얼마나 중요한지 알기에 그렇게 힘을 내는 것이다. 그럼에도 많은 엄마가 자책감에 빠진다. 자녀에게 최선을 다하지 못한 것 같아서, 감정적으로 대한 것 같아서 말이다. 괜찮다. 조금 최선을 덜 하고, 감정적으로 대해도 괜찮다. 부모의 태도가 자녀에게 미치는 영향의 중요성을 이미 알고 있으면 됐다. 거기부터 시작이니까.

자녀를 키울 때 중요한 것은 부모의 마음이다. 부모의 마음이 편안하지 않으면 자녀에게 전이되기 쉽다. 종일 직장에서 이리저리 시달리다 지친 마음으로 퇴근해서 만난 아이를 예쁘게 웃으며 안아주기란 쉽지 않다. 나를 귀찮게 만드는 것들만 눈에 들어온다. 정리되지 않은 집안, 여기저기 널브러져 있는 옷들, 한껏 볼륨이 높여져 있는 TV까지. 결국 가장 가깝고 대하기 쉬운 자녀에게 감정폭격이 이어진다. 이러한 영향으로 자녀의 문제는 부모의 문제에서 시작하는 경우가 대다수이다. 부모의 마음을 지키는 일은 자녀양육의 첫 번째 열쇠이다.

부모의 마음을 지키는 데 필요한 것은 쉼이다. 쉼은 휴식일 수도 있고, 자기 계발일 수도 있다. 가족, 자녀에게서 시선을 돌려 잠시 나를 바라보며 한숨 돌리는 시간이면 된다. 부모는 자신들의 현재를 희생하며 하고 싶은 일은 나중으로 미루는 걸 당연하다고 생각한다. 자녀를 위해 희생하는 현재는 다시 돌아오지 않으며 어떤 형태의 미래가 될지는 아무도 모른다. 자녀 또한 부모가 현재를 희생하기를 바라지 않는다. 부모 스스로 자기만족이며 위안일 뿐이다. 부모가 자신을 위해 즐기는 삶을 자녀에게 보여주는 것은 오히려 자녀에게 본보기가 될 수 있다. 피곤하고 짜증 내고 힘든 모습만 보여준다면 자녀는 인생을 그렇게 인식할 가능성이 크다.

자녀가 사춘기에 접어들면 부모보다 친구를 우선시한다. 십몇 년 동안 자녀만 바라보며 살아왔던 부모에게는 청천벽력 같은 일이다. 갑작스러운 자녀의 외면에 소외감을 느끼고, 서운함을 느끼며 자녀에게 날 선 말을 건네고, 집착하기도 한다. 사춘기 자녀는 이미 독립체로서 성장하고 있으므로 부모의 이런 태도는 오히려 부정적 반응을 불러일으킨다. 사춘기 자녀는 가족에 머물던 시선을 사회로 확장하며 앞으로 살아갈 세상을 준비해야 할 시기인데, 부모가 이를 인정하지 않으면 홀로 설 수 없다. 아이만 바라보던 시야를 넓혀 더 멀리 바라볼 준비를 하는 게 서로에게 도움이 된다. 부모가 취미활동을 하거나 사회활동을 넓혀가면 자녀와 나눌 이야깃거리도 많아진다. 그 과정은 자녀의 생각과 관점을 넓히는 계기가 되기도 한다.

자녀와 소통할 때 말은 가장 첫 번째 도구이다. 말은 마음 상태에 따라 영향을 많이 받는다. 부모의 마음이 편안하지 않다면 자녀에게 건네는 말도 불편할 가능성이 크다. 연구 결과에 의하면 양육 스트레스와 우울감이 높으면 언어적 학대 정도가 높다고 한다. 부모 스스로 마음을 회복하기 위해 멈추고, 힘을 얻는 자기돌봄의 시간을 꼭 가져야 한다. 부모의 마음이 편안해야 자녀와 좋은 대화를 할 수 있다.

자기 욕구를 돌아보고, 욕구를 충족시키기 위해 노력하는 것은 자신을 돌보는 첫 번째 방법이다. 자녀의 욕구에 관심을 두고 대응해 주며 자녀가 자기 욕구를 인식하고 해결하기 위해 노력하게 하는 것도 부모 자신을 돌본 후에 가능하다. 자기 욕구가 오랫동안 충족되지 못하면 가까운 사람에게 책임을 전가하게 된다. 자녀를 돌보느라 희생했다는 생각이 드는 순간 자녀에게 부정적인 행동을 하게 될 수도 있다. 자기를 돌보지 않는 것은 가족에게 오히려 스트레스를 줄 수도 있다는 것이다. 부모 자신에게 무엇이 중요한지 생각해 보고, 무엇을 좋아하는지 기억해 보고, 어떤 것에 감사하는지 떠올려 보자. 책을 읽거나 휴식을 취하거나, 마음에 맞는 사람을 만나는 등 마음을 채울 방법은 다양하다.

자기 욕구를 채울 책임은 오로지 자신한테 있다. 자기돌봄을 위해 자기 욕구를 알아차리고, 채우기 위해 노력하는 것은 스스로 해야 한다는 뜻이다. 아무리 가까운 가족이라도 다른 사람에게 의존하고 권한을 주어서는 안 된다. 자기희생적인 부모들은 자신보다 자녀 중심으로 모든 게 맞춰진다. 처음엔 아니더라도 결국 자녀에게 자기 인생을 보상받고 싶어지고 부모의 욕구를 채워주길 기대한다. 자녀에게 부모의 욕구를 채워주길 기대해서는 안 된다. 〈폭싹 속았수다〉 등장인물 중 여주인공과 결혼할 뻔한 영범이 엄마가 이에 해당한다. "너는 내 프라이드야. 내가 너를 어떻게 키웠는데!"라는 말 속에 그녀의 삶이 드러난다. 아들을 통해 자기 욕구를 채우고자 했던 말년의 그녀와 영범은 행복해 보이지 않았다.

앞서 언급한 30~40대 엄마들은 '글쓰기'를 하고 싶어 모인 사람들이다. 연구원, 푸드스타일러, 간호사, 대기업 임원, 영어 강사, 초등학교 교사, 대학 교수, 이유식 전문업체 사장, 사주 전문가, 어린이집 교사, 영어 공부방 원장, 이벤트 카페 사장, 디자이너 등등 현직이기도, 전직이기도 한 직업도 다양하다. 각자 자기 분야에서 인정받으며 삶을 개척해 가고 있다. 글쓰기 플랫폼에

작가로 선정되어 포털사이트에 여러 번 메인 글로 선정되기도 했으며, 자기 이름으로 책을 내기도 했다. SNS 활용법을 배워 독서 인플루언서가 되어 책을 협찬받기도 하고, 라디오에 출연하고, 블로그를 통해 다양한 체험단으로 활동하기도 한다.

무엇 때문에 찾아왔는지 모를 우울감과 무력감이 자신의 마음에 어떤 영향을 미치는지 알아채고, 자녀에게 옮아가기 전에 자기 마음을 돌보기 위해 노력하고 결국 해냈다. 뭐가 됐든 상관없다. 시간이 되는 사람끼리 만나 차를 마시기도 하고, 단체 대화방에서 주저리주저리 주제도 없는 대화를 하기도 한다. 놀이터에 앉아 아이를 돌보면서 자기 마음도 돌보려 노력하고, 도서관에 앉아 온갖 책을 섭렵하며 해결책을 찾기도 한다. 그런 엄마를 보고 자란 아이는 아침이면 책가방을 챙겨 도서관으로 향하고 엉덩이 힘으로 버텨낸다. 그러한 노력은 당장은 눈에 보이지 않아도 조금씩 부모 자신에게도 자녀에게도 좋은 영향력으로 스며들고 있다.

"엄마, 오늘 또 작가 친구 만나러 나가?"라고 말하는 아이의 마음속엔 낯선 엄마의 외출이 새로운 자극이 되고 있다. "우리 엄마는 작가예요~"라며 학교에서 자랑했다는 쌍둥이 아들. 책 한 권 낸 적 없고, 글쓰기 플랫폼에서 글을 쓰는 게 전부였던 엄마는 민망했지만 그게 자녀들에게 미친 영향력이다. 책을 내지 않았어도 글을 쓰는 엄마의 노력이 엄마와 자녀들의 마음에 봄을 불러온 것이다. 가면을 쓴 엄마의 가짜 마음은 금방 들통난다.

봄바람 살랑이는 엄마의 진짜 마음을 자녀에게 보여주자. 소통은 거기서 시작된다. 자기 욕구를 알아채고, 자기 돌봄을 실천하며 자녀에게 본보기가 되는 삶을 시작해 영글어 가는 엄마들처럼 말이다.

어릴 적 꿈꿨던 미래를 가만히 떠올려 보자. 이 세상에서 못할 게 없을 것 같았던 무모한 자신감과 용기를 다시 꺼내어 지금 꼭 해보고 싶은 일을 적어보자. 이미 생각하는 것만으로 입가에 미소가 지어질 것이다. 미래는 꿈꾸는 자에게 찾아온다. 꿈꾸지 않고, 노력하지 않으면 나에게 찾아오는 미래는 그 정도 수준일 것이다. 부모가 꿈꾸고 상상하며 미소 짓는 모습을 보며 자녀들도 함께 꿈꾼다. 서로의 꿈을 공유하고, 과정을 상의하며 공감한다면 이보다 더 좋은 소통은 없다.

 부모의 마음돌봄을 위해 자신에게 건네면 좋은 말

그럴 수도 있어.
쉬어야 할 때도 있는 거야. 지금 나에겐 쉼이 필요해.
좀 지친 것 같은데 쉬어가자.
오늘도 최선을 다했어.
잘하고 있어. 지금처럼 하면 돼.
내일은 더 괜찮을 거야.

~해야만 했어. ~해야만 해. ~그렇게 하지 말았어야해.
이런 말은 강요의 의미를 갖고 있어 해내지 못했다는 후회와 자책으로
이어질 수 있다.

부모의 자기 내면을 돌보자

　유난히 타인의 잘못에 민감하고, 지적하는 사람이 있다. 나도
그런 사람 중 한 명이다. 좋은 점보다 안 좋은 점이 먼저 눈에 들
어오고 못마땅하다. 내가 잘나서가 아니라 자신에게 만족하지
못하고 자기를 용서하지 못해서이다. 타인에게서 나의 부족한
점을 발견하고 상대를 빌어 비판하고 지적하는 것이다. 자녀에
게도 마찬가지이다. 정말 자녀에게 화가 난 것인가? 깊숙이 들
여다보면 자녀가 아닌 부모 자신에게 화를 내고 있을 때가 많다.
'쟤는 왜 저런 것까지 나를 닮았지'하는 마음에 더 엄격하게 대
하는 것이다. '저런 것도 이겨내지 못하고, 할 줄 모르면 어쩌지'
라는 마음은 부모 자신을 향해 있는 것이다.
　자녀와의 관계, 소통에 문제가 있다면 자녀의 잘못을 지적하
고 고치려 하기 전에 자신부터 살펴봐야 한다. 나의 소통방식에

문제가 없는지, 어떤 순간에 화가 나는지, 화가 날 때 어떻게 대응하는지 등을 살펴봐야 한다. 사람은 자기 스스로 안정되어야 다른 사람에게 마음을 쏟을 수 있다. 부모의 마음이 불안정한 상태에서 자녀와 좋은 대화를 하기란 쉽지 않다. 자기감정을 가만히 바라보고, 명확히 해서 감정의 소용돌이에서 벗어나기 위해 노력해야 한다. 부모가 자기 내면을 마주하고 자신을 용서해야 자녀를 오롯이 바라볼 수 있다.

부모가 자신을 스스로 귀하게 여기고 아껴야 자녀도 똑같이 대할 수 있으며 부모의 마음이 편안해야 자녀를 충분히 사랑할 수 있다. 부모에게 충분한 사랑을 받지 못하면 자기감정 표현과 행동에 자신감이 부족하고 자신을 보호하기 위해 거짓 자아를 만들어 낸다. 거짓 자아를 가진 사람은 타인의 기준에 맞춰 행동하며 그들이 좋아하는 행동을 하게 된다. 자기를 위한 삶을 살지 못하게 되는 것이다. 그래서 부모는 자기 자신을 사랑하고 신뢰해야 한다. 부모 자신을 둘러싼 환경을 긍정적으로 바꿔서 긍정성을 높여야 한다. 자녀를 잘 키우는 비결을 찾아 헤매는 부모들이 많은데 그럴 필요가 없다. 답은 하나다. 부모 자신의 삶을 돌아보는 것이다. 지금, 어떻게 살아가고 있는가? 어떤 삶의 원칙을 갖고 살아가고 있는가? 행복한 삶을 살고 있는가? 자기 삶을 풍요롭게 만들어 가고 있다면 당신의 자녀도 그 삶을 따라갈 것이다. 부모가 내적으로 안정되어 있을수록 자녀에게 공감하고 집중할 수 있으며 좋은 소통이 가능해진다.

엄마는 자녀의 양육에 아빠보다 더 깊게 관여하고, 밀착되어 있어서 엄마의 삶을 대하는 태도는 자녀에게 영향을 많이 미친다. 그래서 엄마이지만 한 명의 인간으로서 균형적이고 발전적인 삶을 살아가는 것이 필요하다. 자기가 원하는 것이 무엇인지 들여다보고 이루기 위한 노력을 해야 한다. 자기 욕구를 무시하고 자녀와 가족을 위해서만 살아간다면 내면에서는 불만이 자리 잡기 시작한다. 사랑하는 가족을 위한 결정이 자기돌봄을 포기하게 만들기 때문이다. 불만을 해소하기 위해 자녀에게 의존하고, 지배하고 싶어지고 보상을 바라게 된다. 자기돌봄, 자아실현을 통해 이루어야 하는 가치 실현을 자녀로 이루고자 하게 되는 것이다.

엄마들은 일하거나, 하지 않거나 자녀에게 죄책감을 느낀다. 일하는 엄마는 엄마의 손길이 부족한 것 같아 미안하고, 일하지 않는 엄마는 경제적으로 보탬이 되지 못해 하고 싶은 거 마음대로 못 해줘 미안하다. 사실 일을 해도 경제적으로 풍족하지 못한 건 마찬가지이고, 일하지 않아도 자녀를 부족함 없이 보살피지는 못한다. 이는 부모의 희생, 특히 엄마의 희생을 당연하게 여겨온 문화 때문이기도 하다. 엄마가 남편이나 자식보다 자기의 즐거움과 욕구를 우선시하면 엄마로서 역할을 제대로 하지 못한다고 생각한다. 엄마가 되는 순간 자유를 잃고, 희생을 얻는다. 이런 사회적 분위기는 엄마들이 내적 갈등을 겪게 하고 죄책감을 느끼게 한다. 죄책감이 든다면 한 걸음 물러나 생각해 보

자. 실제로 나로 인해 일어난 문제인지, 정말 나 혼자만의 책임인지 말이다.

일하는 엄마를 둔 자녀는 스스로 결정하고, 주도적으로 행동해야 할 일이 많아서 자율성과 독립성을 빨리 익힌다. 자녀는 일하며 자아를 실현하는 모습을 보며 자기 가치 실현의 중요성을 배우게 되고, 엄마를 독립된 사회적 인격체로 인식한다. 자녀의 행복을 위해 희생하기만 하는 모습이 아닌 자기를 존중하고 사회적 가치를 실현하는 엄마로 인식하는 것이다.

부모는 자신이 먼저 행복해져야 한다. 특히, 자녀 돌봄에 많은 역할을 하는 엄마는 자기 내면에 귀 기울이고 자기돌봄을 우선해야 한다. 부모가 행복하지 않으면 자녀도 행복할 수 없다. 오히려 자기 때문에 부모가 행복하지 않다고 죄책감을 느끼기도 한다. 너무 좋은 부모가 아닌 적당히 좋은 부모가 되자. 항상 자녀에게 친절하고, 자녀에게 삶의 초점을 맞추어 살아가지 말자. 부모 자기 삶에 충실하고, 즐거움을 추구하는 모습을 보이면 자녀도 그런 삶을 살아가게 된다.

자기 자신을 존중하지 않는 사람은 다른 사람도 존중하지 못한다. 부모가 자기를 소중하게 여기고 존중한다면 자녀들도 부모를 존중하며 자기 자신을 소중하게 여긴다. 드라마에서 보면 자주 등장하는 말이 있다. "난 절대 엄마처럼아빠처럼 살지 않을 거야." 자녀들이 부모의 삶을 처음부터 존중하지 않았을까? 아니다. 부모 스스로가 자기 삶을 돌보지 않아서 생긴 일이다. 자기효능감을 키워야 하는 사춘기 자녀들에게 부모가 자기 삶을 대하는 태도는 매우 중요하다. 부모 스스로 자기 삶을 존중하는 모습은 자녀에게 자기를 어떻게 대해야 하는지 알려주는 하나의 소통방식이다.

자녀와의 소통에 어려움이 있다면, 자녀를 탓하기 전에 부모 자신을 먼저 돌아봐야 한다. 부모의 내면이 불안정하면 자녀와 소통이 제대로 되기 어렵기 때문이다. 자기 내면을 마주하고, 명확히 자기감정을 이해해야 한다. 자녀가 아닌 부모의 자기돌봄을 위한 안식처도 필요하다. 편안함을 느끼는 장소일 수도 있고, 사람일 수도 있다. 자녀와 전혀 관련 없는 나만의 취미활동일 수도 있다. 최선을 다해 살아가고 있는 자신을 스스로 위로하고, 잘하고 있다고 지지하며 자신을 찾아가야 한다. 그래야 자녀와 제대로 소통이 가능해진다.

3

양육 목표 정하기
(어떤 아이로 키울 것인가)

　예전 직장에서는 매년 시무식 때마다 그 해 자기 목표를 공유하는 시간을 가졌다. 물론 종무식에서는 연초에 세웠던 목표 달성 정도를 발표했다. 일 년 내내 다이어리에 시무식 때 작성한 종이를 붙여놓고 목표 달성을 위해 노력했다. 하루 10분 스트레칭을 하기, 야근 50% 줄이기, 한 달에 한 권 책 읽기, 성당 가기, 적금 들기 같은 일상에 적용하고 실제 달성할 수 있는 목표를 세웠다. 목표를 보완해야 하는 나의 부족한 점이라고 생각하니 다른 사람들에게 공유하는 게 처음에는 껄끄럽고 부끄러웠다. 하지만 동료들에게 공유하고 나니 오히려 목표를 지키기 위해 더 노력하게 되었다. 이직 후에도 여전히 매년 목표를 세우고 있다.

매년 목표를 세우며 깨닫게 된 것은 목표는 나에게 부족한 것을 보완하기 위해 세우는 게 아니라 살아가며 중요하게 여기는 인생의 이정표라는 것이다. 인생 목표, 업무 목표, 자기 계발 목표 등은 더 나아지기 위해 세우는 것이다. 그렇다면 양육 목표는 세워본 적이 있는가? 한 명의 사람을 키워내는 중요한 일이 양육인데 목표를 세워야겠다는 생각은 많이들 하지 않는다. 자녀를 건강하고 바르게 키우기 위해 노력하지만 내 아이가 어떤 사람으로 자랐으면 좋겠는지 구체적으로 생각해 보고 이를 목표화하지는 않는다. 소크라테스는 '중요하게 생각해야 할 것은 그저 사는 것이 아니라 잘 사는 것이다'라고 했다. 여기서 '잘' 산다는 것은 '바르게 또는 아름답게' 사는 것이다. 소중한 내 자녀가 잘살게 하기 위해서라도 양육 목표가 필요하다.

양육 목표는 어떻게 세워야 할까? 양육 목표는 부모의 가치관에 따라 달라진다. 자녀가 다양한 경험을 통해 생각의 폭을 넓혀 나가는 게 될 수도 있고, 세상과 당당히 맞서는 자신감을 느끼는 게 될 수도 있다. 나의 양육 목표는 '상황에 맞는 적절한 행동을 하고 자기 조절할 줄 알며 행동을 책임지는 사회구성원으로 키우는 것'이다. 이 양육 목표는 나의 양육 방법을 결정할 수 있게 돕는다. 처음 경험하는 부모의 역할이 어떤 게 맞는지, 옳은 방향인지 도무지 알 수 없을 때 길잡이가 되어준다. '자녀와 무엇을 함께 성취하려고 노력하는지, 자녀가 독립했을 때 당신은 무엇이 성취되어 있기를 바라는지'를 고민해 보면 양육 목표 설정

방향이 잡힐 것이다. 양육 목표의 달성은 자녀의 성숙을 의미하므로 자유롭고 독립적인 존재로 놓아주는 것을 의미한다.

양육 목표를 정할 때는 자녀를 위한 것인지, 부모 자신을 위한 것인지 반드시 생각해야 한다. 사람은 누구나 자기 욕구를 우선하기 때문에 부모의 욕구를 충족하기 위해 자녀를 위한다는 명분 아래 자녀에게 도움이 되지 않는 결정을 할 수도 있기 때문이다. 양육 목표는 자녀가 이 세상에서 인간답게 조화로운 삶을 살아가는 것이 전제되어야 한다. 또한, 부모도 목표를 달성하기 위해 함께 행동할 수 있어야 한다. 양육 목표를 세우는 과정에서 부모가 자기 자신과 대화하며 되고 싶은 부모상을 구체적으로 그려보고, 자녀에게 어떤 가치를 전하고 싶은지 깊이 고민하자.

자녀 양육을 포함한 부모의 삶의 의미와 목적이 분명하면 자녀의 필요 욕구를 충족시켜 성숙한 인간이 될 수 있도록 도울 수 있다. 그러기 위해 부모는 자신만의 답을 갖고 있어야 한다. '자녀를 어떻게 양육하고 싶은가?', '자녀가 어떤 모습으로 성숙하기를 바라는가?', '양육 목표를 달성하기 위해 자녀와 어떤 방식으로 소통할 것인가'에 대해서 말이다. 자녀를 양육하는데 의지할 수 있는 확고한 지점이 있다면 불확실하고, 두려움과 실수의 연속인 자녀 양육의 과정에서 나침반이 되어줄 것이다. 어떤 선택을 하더라도 왜 이 선택을 하고 있는지, 무엇을 위한 선택인지를 알아야 결과를 책임질 수 있다.

살아가며 수많은 선택을 해야 할 때, 어떤 기준으로 결정하는 가? 어떤 책에서 본 명언일 수도 있고, 어릴 적 선생님의 한마디 일 수도 있다. 세상을 살아온 자신의 가치관일 수도 있으며, 부모님의 가르침일 수도 있다. 언제 어디서 어떤 일이 벌어질지 예측 불가한 자녀 양육 과정에서 어떤 선택을 해야 할지는 대부분 부모가 살아오며 선택해 온 기준에 의해 결정된다. 그러나 부모 자신이 개인의 삶을 살아가며 선택하는 기준을 자녀 양육에 똑같이 적용해서는 안 된다. 나 혼자만을 위한 선택과 한 사람을 키워내는 자녀 양육은 기준이 달라야 한다. 자녀를 양육할 때 부모 스스로 원하는 게 무엇인지를 명확히 하고, 어떻게 자녀를 양육할 것인지 결정해야 하는 것이다.

무엇을 보고, 경험하고, 행동할 것인지는 스스로 결정하는 것이다. 생각은 생각하는 방향대로 흘러가며, 새롭게 생겨났다가 사라지고 다른 형태로 바꿔어 나타나기도 한다. 즉, 생각은 내가 원하는 대로 만들 수 있는 것이다. 초등학교에 입학하고 첫 부모 상담을 한 날, '난 앞으로 어떻게 해야 하나.'라는 생각이 먼저 들었다. 우리나라 교육 시스템에 안 맞는 아이라는 말을 담임선생님한테 듣고 있자니, 부모로서 자책감과 부끄러움이 몰려들었다. '내가 뭘 잘못해서 이런 말을 들어야 하나'라는 생각부터, 애는 왜 이러는 걸까'라는 생각이 들며 아이 탓을 하기 시작한 나를 마주했다. 그 순간 '아이에게는 그럴만한 이유가 있을 거야.'라고 생각하고 아이에게 물어보고 행동을 바꾸게 가르치지 않았다면 내 소중한 아들은 학교 시스템이 맞지 않는 그런 아이가 되었을 것이다. 그때 빠르게 생각을 전환할 수 있었던 것은 평소에 생각하고 있던 양육 목표였다.

특히 사춘기 자녀는 어디로 튈지 모르는 공과 같아서 하루에 수십 번도 갈등하게 만든다. '저게 과연 사람이 될까?', '저래서 어디서 밥벌이나 하고 살까?', '학교에서 같이 놀아주는 친구는 있는 건가?', '저대로 독립도 못 하고 내 등골 빼먹고 사는 건 아닐까?' 별의별 걱정이 앞선다. 말도 안 통하지, 말 한번 걸면 도끼눈을 뜨고 쳐다보지, 도대체 넘어설 수 없는 산이 하나 집에 있는 느낌이다. 이때 필요한 게 생각의 흐름을 바꾸는 것이다. 자녀가 어릴 때 양육 목표를 세워두지 않았더라도 괜찮다. 지금이라도 말 한번 섞기 힘든 저 귀엽고 깜찍한 사춘기 자녀를 어떻게 사람으로 만들지 목표를 세워보자. 부모가 자녀를 어떻게 생각하고, 바라보느냐에 따라 자녀를 대하는 태도가 달라진다. 방 청소를 하지 않는 자녀를 청소 하나 제대로 못 하는 아이로 본다면 그런 사람으로 자랄 것이다. 지금은 잘하지 못하지만, 자기 관리를 잘할 수 있는 아이라고 본다면 부모는 아이에게 은연중에 믿음을 전달하고 존중하는 태도로 대하여 그런 사람으로 자라게 할 것이다.

양육 목표를 세웠다면, 대화를 통해 실천해 나가야 한다. 자녀의 말을 어떻게 이해하고, 듣느냐에 따라 자녀와의 대화가 토론이 되기도, 말싸움이 되기도 한다. 특히 사춘기 자녀는 모든 말을 비틀어 듣는 능력이 생기기 때문에 더 유의해야 한다. 자녀와 대화할 때 잘못을 찾아내어 지적하기 위해 자녀의 말을 듣는가, 아니면 자녀의 욕구를 충분히 이해하기 위해 편견 없이 듣고 있는가는 중요한 문제이다. 대화 과정에서 사춘기 자녀의 방해 공작에 넘어가지 않으려면 양육 목표를 기억해야 한다. 대화의 목적은 지금 무슨 생각을 하며 살고 있는지 모르겠지만, 곧 사회에서 성숙한 시민으로 제 역할을 다할 사춘기 자녀를 부모의 양육 목표대로 이끄는 것이다.

대화는 일상에서 빼놓을 수 없는 행동으로 무의식적으로, 하던 대로, 습관처럼 말한다. 자녀와 대화할 때도 마찬가지이다. 대화의 목적, 방식, 결과를 그려보지 않고 분위기에 따라, 기분에 따라 말하다 보니 의도하지 않았던 방향으로 바뀌기도 한다. 사람이니까 당연한 일이다. 그러나 자기가 누구인지 혼돈의 시기를 겪고 있는 사춘기 자녀에게는 더 혼란을 가중하는 일이 되어버린다. 그래서 부모가 대화의 중심을 잡아야 한다. 양육 목표를 되새기며 대화 방향을 정하고, 어떤 말을 할지 선택해야 한다.

자녀의 성장 단계에 따라 부모의 역할도 변하고, 알게 모르게 다른 사람들에게서 영향을 많이 받는다. 이리저리 갈대처럼 흔들리다 보면 자녀와 관계에서도 자녀의 성장에도 도움 될 게 없다. 자녀를 어떤 사람으로 성장하게 할 것인지 부모로서 고민하고 양육 목표를 세운다면 최소 이십 년이 넘는 시간 동안 이어질 양육 과정에서 중심을 잡을 수 있다. 중심 잡힌 부모는 사춘기 자녀와도 원만하게 대화하며 소통할 수 있다. 나만의 양육 목표, 지금이라도 고민해 보자.

4

부모의 대화 방식이
미치는 영향

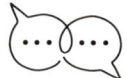

아들이 초등학교 1학년이었을 때 참 힘들었다. 어린이집에서 생활했던 아이는 초등학교에 입학해서도 힘들면 바닥에 누워있고, 발이 더우면 실내화를 벗고 돌아다녔다. 졸리면 책상에 엎드려서 자거나 비스듬히 기대앉아 있었다. 학교에서는 바닥에 누우면 안 되고, 실내화는 신고 다녀야 하며, 수업 시간에는 졸지 말고 선생님 말씀을 잘 들어야 한다는 것을 아무도 가르쳐주지 않아서였다. 학부모 상담 이후 아들의 행동을 고치기 위해 꽤 여러 차례, 아니 매우 많이 대화를 나눴다. 대화는 보통 엄마인 내가 조곤조곤 설명하고, 아들은 듣고 있는 형식이었다. 나는 예의, 도덕 같은 것에 민감한 편이어서 아들이 예의에 어긋나는 행동을 하면 화르르 타올라 욱하곤 했다. 사춘기인 중학생 아들은 자신의 의견을 관철하기 위해 이것저것 되지도 않는 논리를 들이밀며 부모를 설득하려고 한다. 마음대로 되지 않을 때는 버럭 화를 내며 분풀이하기도 한다. 옆에서 지켜보던 아이 아빠의 '엄마랑 똑같아'라는 말처럼 부모의 소통방식은 자녀에게 대물림된다.

부모 유형에 따른 의사소통 방식

자식은 부모의 그림자를 닮는다고 한다. 부모의 생활양식, 대화 방식, 가치관 등을 보고 배우는 것이다. 이제 막 말을 하기 시작한 아이가 부모와 똑같은 말투로 말하는 것을 보면 '유전자의 힘은 무시 못 해'라며 신기해한다. 유전자의 힘도 있지만 세상에 태어나 가장 많은 시간을 함께하는 부모를 보고 배운 영향이 더 크다. 아무리 어려도 부모가 어떤 상황에서 어떻게 행동하고 반응하는지 본능적으로 습득하는 것이다. 부모의 의사소통 방식은 자녀에게 대물림되기 때문에 어떤 형태의 의사소통을 하고 있는지 알 필요가 있다.

부모가 완벽주의적 성향을 지녔을 때 '~해야 한다'라는 말을 많이 사용한다. 자녀의 결정을 기다려주기보다 부모가 옳은 것을 정하고 지시하며 자녀를 순종하게 만든다. 완벽주의적 성향의 부모들은 "넌 자기 앞가림을 잘하는 이이야. 문제를 일으켜 부모를 당황시킨 적이 없지"라는 말을 자주 쓴다 이 말에는 '스스로 문제가 생기지 않게 조심하고, 이 평화로운 상태를 유지해 줬으면 좋겠어'라는 의미를 담고 있다. "넌 늘 긍정적이고 밝은 아이야"라는 말 속에는 '불쾌한 표현은 하지 말고, 언제나 다른 사람들을 편안하게 해주었으면 해'라는 의미를 담고 있다. 대화의 맥락을 살펴보면 자녀를 칭찬하거나 지지하기 위한 말과는 구분된다.

완벽주의적 성향을 보인 부모는 절대적 규칙을 만들며 융통성을 허락하지 않는다. 틀에 박힌 일과를 보내며 새롭고 다양한 관계, 경험이 통제되며 가족문화가 경직된다. 이는 부모와 자녀 사이의 의사소통에 그대로 묻어난다. 예를 들면 "무조건 이렇게 해야 해.", "절대 그런 행동은 해선 안 돼.", "무슨 일이 있어도 이건 해야 해."와 같은 말을 하고 있다면 완벽주의적 성향의 부모일 수 있다. 자녀와 관련한 일에 지나치게 개입하고 부모가 방향을 정해주고 그에 맞춰가도록 훈계하고 간섭하다 보면 자녀의 행동을 억압할 수밖에 없다. 자아정체성을 찾아가는 사춘기에는 이런 소통방식은 오히려 저항만 불러온다.

자녀와 협력적 관계에 있는 부모는 자녀를 자기 방식대로 억압하지 않고 힘을 나눠 쓴다. 자녀를 위한 최고의 선택을 위해 부모와 자녀가 함께 의논하고 협력한다는 뜻이다. 부모와 자녀가 합의해서 결정하고 잘 지켜지고 있는지 함께 확인하는 것이다. 이 과정에서 부모는 자녀의 이야기를 경청하고 자녀의 감정과 욕구를 알고자 노력하게 된다. 힘을 나눠 쓰는 부모는 "우리 가족을 위한 좋은 방법을 함께 고민해 보자", "이 문제는 나혼자 결정하거나, 네가 혼자 책임질 일이 아니야. 함께 방법을 찾아보자", "네가 하고 싶은 건 무엇이니? 네 생각을 알려주면 결정하기 더 쉬울 거야"와 같은 대화를 많이 나눈다.

협력적인 부모는 자녀의 주관적 생각, 의견을 환영하며 적극적으로 들어준다. 사춘기 자녀는 입을 닫는 것으로 부모와 멀어지기 시작한다. 조잘조잘 학교에서 있었던 일을 얘기하던 아이는 사라지고, 굳게 닫힌 방문처럼 입도 닫아 버린다. 협력적인 부모를 둔 사춘기 자녀는 입을 완전히 닫지 않는다. 최소한 자기에게 필요한 사항 즉, 자신이 불편한 점, 가정 내에서 개선되었으면 하는 점 등을 부모에게 솔직히 털어놓는다. 그렇게 관계가 유지될 수 있다.

사람은 타인과의 관계를 통해 힘을 얻고, 스트레스도 푼다. 관계의 중심에는 대화가 있다. 그렇다고 아무하고 얘기한다고 될일은 아니다. 모든 사람은 자기 얘기를 잘 들어주고, 공감해주는 사람과 대화하고 싶어 한다. 대화하기 꺼려지는 사람은 대체로 자기감정 표현은 잘하나 타인의 감정을 이해하고 공감해 주지 못한다. 또한, 자기만의 답을 갖고 있어서 상대방에게 해결책을 제시하려고 한다. 부모도 마찬가지다. 자녀의 이야기에 공감하고, 이해하려고 노력하지 않으면 자녀는 부모와 더 이상 대화도, 관계도 이어가려고 하지 않을 것이다.

부모의 대처

어디로 튈지 모르는 사춘기 자녀와의 대화는 매번 부모의 인내심을 시험한다. 뭘 물어도 시큰둥, 칭찬해도 그러거나 말거나, 대답조차 없을 때도 많아 영혼이라고는 전혀 없는 형식적인 대답이라도 해주면 그렇게 고마울 수가 없다. '사춘기니까 참아야지, 듣는 척이라도 하는 게 어디야' 라는 마음으로 참아보지만, 부모도 사람인지라 폭발하는 순간은 찾아오고야 만다. 이때가 중요하다. 참다 참다 더는 못 참겠더라도 한 번 더 참아야 한다. 부모의 다스려지지 않은 분노는 자녀와 소통에 방해만 될 뿐이다. 자녀와 대화 시 부모가 어떻게 대처하는지는 가족의 소통 문화로 자리 잡고 자녀의 소통방식이 된다.

대화할 때 부모가 인내하고, 지혜롭게 대처해야 하는 상황은 꽤 많다. 어린아이들의 경우 끝도 없는 질문에 답해야 할 때도 있으며, 자녀의 이야기를 경청하며 공감해 줘야 하는데, 공감이 되지 않을 때도 있다. 무슨 이야기를 하는지 모르겠지만 이해한 척해야 할 때도 있고, 부모가 자녀에게 말을 쏟아낼 때도 있다. 어떤 상황에서든 대부분 부모는 자녀의 이야기를 들어주며 잘 대처하지만 가장 흔하면서 상황을 악화시키는 반응이 '분노'를 참지 못하는 것이다. 자녀가 부모의 기대에 미치지 못하거나 문제를 일으켰을 때 짜증 나고 화가 나는 반응은 정상적이다. 그러나 부모가 어느 정도로 화를 내고 좌절할 것인지, 자기감정을 어떻게 다룰 것인지는 온전히 부모의 선택이다.

분노의 감정을 억누르고 자기 내면에 묻어두며 스스로 상처를 입히는 방식과 폭발하여 파괴적인 말과 표정으로 분노를 표현하는 방식이 있다. 두 가지 방식 다 자녀에게 상처를 줄 수 있다. 자녀의 말과 행동으로 인해 부모가 분노와 좌절감을 경험할 수 있지만, 그 감정을 어떻게 다룰 것인지는 스스로 선택해야 한다. 이런 상황이 생길 때 무엇에 초점을 맞추는지 생각해 보면 앞으로 어떻게 할지 선택하기 쉬워진다. 자녀가 한 행동과 어떤 말을 했는지에 초점을 맞추는지, 자녀가 앞으로 어떤 모습이기를 바라는지에 초점을 맞추는지 생각해 보자. 양육 목표와 연관 지어 생각하면 조금 더 쉬워진다. 부모가 자녀로 인해 일어나 일의 원인, 그로 인해 생긴 상황, 영향만 생각한다면 부정적인 상황만 반복된다. 부모의 분노와 감정을 조절하고 앞으로 나아가기 위한 방향으로 에너지를 쏟는다면 자녀와 의사소통의 질이 달라질 것이다.

사춘기 자녀와의 대화는 언제 어디서 터질지 모르는 지뢰밭을 걷는 것과 비슷하다. 기분 좋게 시작했다가 누구도 예상치 못했던 단어 하나에 분노의 감정이 끓어오르기도 하고, 아무 말도 하지 않다가도 관심이 있는 화제가 나오면 아무 일도 없었다는 듯이 풀리기도 한다. 부모는 언제 불쑥 모습을 드러낼지 모르는 분노의 감정을 다루기 위해 준비해 두는 게 필요하다. 첫째, 분노의 감정을 느낄 때 어떻게 반응하고 행동할 것인지 미리 생각해 두자. 분노의 감정이 생겨나면 평소에 현명하던 부모도 감정에 휩쓸려 지혜롭게 대처하지 못한다. 평소에 일어났던 상황을 떠올려 어떤 말을 할 것인지 생각해 두는 것도 좋다. 계속 되뇌다 보면 상황이 일어났을 때 준비한 대로 대처할 수 있다.

둘째, 즉각 반응하지 말자. 자극을 받으면 자기를 보호하기 위한 자기방어 기제가 작동한다. 자기방어를 위해 상대에게 상처를 주는 말을 하게 될 가능성이 커지는 것이다. 상처의 말은 브레이크가 고장 난 자동차와 같아서 가속도가 붙으면 결과는 참담해진다. 자녀로 인해 좌절하거나 분노할 때 감정에 가속도가 붙지 않도록 즉각 반응하지 않아야 한다. 감정적 반응을 잠시 지연시키는 것이다. 잠시 심호흡을 하고, 눈앞에 일어난 상황을 머릿속으로 정리해 보자. 당장 토해내고 싶은 감정적 단어들은 삼키고, 앞으로 어떻게 해야 할지에 집중하자. 그러면 그런 말들을 할 수 있게 되며 자녀와도 긍정적 대화가 가능해진다.

세 번째는, 자신을 거울에 비춰보는 것이다. 사람이기 때문에 부모가 분노하거나 짜증 내거나 좌절하는 것은 당연하다. 자녀에게 화를 냈다 하더라도 너무 자책하지 말고 자신을 바라보도록 노력하자. 화를 낼 때 나는 어떤 표정을 짓고, 어떤 말을 많이 쓰는지, 목소리 톤은 높은지, 낮은지와 같은 자기 모습을 바라보는 게 필요하다. 거울에 비춰봄으로써 분노의 감정에 휩싸인 나를 직면하게 되면 깜짝 놀라 화가 가라앉는 걸 경험하게 될 것이다. 객관적이고 냉정하게 자기 자신을 볼 수 있으면 자기를 컨

트롤 할 수 있게 된다.

　자녀와 대화할 때 늘 미소 띤 얼굴로 자녀의 말에 공감해 주고 지지해 줄 수 있다면 얼마나 좋을까. 사춘기 자녀와의 대화에서는 가뭄에 콩 나듯이 있을 수 있는 일이다. 그렇다고 자기 정체성 혼란을 겪으며 뇌가 재배치되는 어려움을 겪고 있는 우주인과 같은 사춘기 자녀와 똑같이 행동해서는 대화는 말할 것도 없고 관계 자체가 단절되고 말 것이다. 그만큼 사춘기 자녀와 대화에서 부모의 대처는 큰 역할을 한다. 특히 분노와 좌절 같은 부정적 감정에 휩싸일 때는 정신을 똑바로 차리고 정상적인 대화를 이어갈 수 있도록 노력해야 한다. 부모의 노력은 자녀에게도 느껴지기 때문에 당장 눈앞에 변화가 없더라도 조급해하지 말고, 자기 패턴을 지키자.

PART
3

자녀를
성장시키는
대화법은 따로 있다

1
고유한 기질을
인정해야 한다

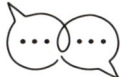

모든 자녀는 부모가 화나게 말하고, 행동하는 특기가 있다. 그렇다고 이 세상 모든 자녀가 문제가 있는 건 아니다. 자녀의 생각과 행동 방식이 부모와 달라서일 뿐이다. 불편을 해소하기 위해 부모가 원하는 모습으로 자녀를 바꾸려고 하면 영원히 자녀와 거리는 좁혀지지 않을 것이다. 자녀의 행동은 고유한 기질의 영향이기 때문이다. 자녀의 고유한 기질과 성격을 이해하는 것은 서로 상처만 주고받는 의사소통 방식을 바꾸는 데 도움이 된다.

토마스와 체스Alexander Thomas, Stella Chess, 1957 는 아이의 기질과 아이가 적응해야 하는 환경적 요구 사이의 조화인 '기질 조화 적합성'을 주장했다. 아이의 기질이 부모와 같은 환경적 특징과 조화를 이룰 때 잘 성장한다는 이론이다. 물론, 아이의 기질과 환경적 요구가 맞으면 너무 좋겠지만, 그렇지 않은 경우가 더 많다. 사람마다 기질이 다르고, 부모가 살아온 경험, 환경적 요인들의 작용이 또 다른 요구를 만들어 내기 때문이다.

아들 준호에게 아무리 말해도 고쳐지지 않는 행동들이 있었다. 때로는 일부러 나를 열받게 하려고 저러나 싶은 마음이 들 때도 있을 정도로 서로 맞지 않는 부분이 있었다. 준호를 이해하기 위해서는 나에 대한 이해가 먼저였다. 유전적으로 타고난 '기질'과 후천적으로 발달하는 '성격'을 함께 평가하는 심리검사를 받았다. 나는 자극 추구, 위험회피, 사회적 민감성, 인내력이 모두 높은 기질이었고, 자율성은 높고, 연대감은 중간인 성격으로 나타났다. 준호는 자극을 많이 추구하지 않고, 인내력도 중간인 편으로 나랑은 다른 기질을 갖고 있다. 그래서, 서로 힘든 거였다. 내 자식이 내 말을 듣지 않는 것이 일부러도, 모자라서도 아니었고, 그저 나랑 달라서일 뿐이었다고 이해하고 나니 마음이 편해졌다.

모든 사람은 다른 사람과 차별화되는 자기 자신만의 고유성이 있다. 이는 기질과 성향으로 표현되기도 한다. 기질은 새로운 것에 호기심을 느끼며 시도해 보는 성향, 위험이 예상되는 상황을 경계하고 피하려는 성향, 감정에 민감하고 사람들과 교류하고 싶어하는 성향, 인내력 등으로 설명된다. 기질은 무엇이 좋다, 나쁘다를 비교할 수 없는 고유속성이다. 요즘에는 자기를 소개

할 때 성격유형을 먼저 말하기도 하며, 상대방의 말과 행동을 관찰하고 성격유형을 유추하기도 한다. 성격유형검사, 기질과 성격을 함께 평가하는 심리검사 등이 유행하고 있다. 성격유형의 구분은 성격은 옳고, 그름이 없는 그저 고유한 것으로 인정하고 서로 이해하기 위한 하나의 도구로 활용되어야 하나, 또 다른 편견으로 작용하기도 한다. 자기를 정확히 이해하는 것은 매우 중요하나, 틀에 얽매여 자신을 가두어 버린다면 오히려 도움이 되지 않는다.

자녀 또한 마찬가지다. 자녀의 고유성을 발견하고 인정하기 위한 노력은 부모로서 자녀와 소통하는 데 중요한 과정이다. 부모가 살아온 경험, 성향 등에 아무리 비춰 생각해 봐도 이해되지 않는 것은 자녀의 고유성으로 인정해 줘야 한다. 그래야 자녀를 더 잘 이해할 수 있고 자녀와 갈등이 줄어든다. 자녀의 고유성인 기질과 성격을 이해하고 있으면 자녀만의 발달단계를 알 수 있고, 발달을 도울 수 있다. 특히 자녀와 의사소통 방식을 정할 때 도움이 된다. 필자의 아들은 본인이 참여해야 하는 일이 있을 때 미리 알고 있기를 원한다. 이런 기질을 알지 못했을 때는 상황이 닥쳤을 때 얘기를 해줬다.

"오늘은 할아버지 생신이어서 가족 식사를 하러 나갈 거야. 바로 준비하고 나가자"

"지금? 나도 가야 해? 지금 하던 게 있어서 지금은 가기 싫단 말이야."

"뭐? 가족 식사인데 지금 그게 중요해? 빨리 준비해!"

결국 식사 자리에서까지 얼굴을 붉히고 제대로 소화도 안 되는 상황으로 이어진다.

지금은 아들의 기질을 알기 때문에 가능하면 미리 얘기한다. 아들도 준비할 시간이 주어지니 대화의 톤이 달라지고, 갈등이 줄어들었다.

자녀가 정보를 미리 얻기를 원한다면 부모가 발 빠르게 움직이면 된다. 한 번에 많은 정보가 주어지는 것을 부담스러워한다면 정보를 나누어 제공하는 소통방식을 택할 수 있다. 대화할 때 감정보다는 사실을 더 선호한다면 사실에 기반한 대화를 하면 된다. 자녀의 기질에 따른 고유성을 알고, 인정하기 시작하면 자녀와 소통은 전혀 어렵지 않다. 자녀의 고유성을 인정한다는 것은 부모의 기대와 요구가 부모가 아닌 자녀에게 맞춰지는 것이기 때문이다.

자녀의 고유한 기질을 자녀 스스로 알게 도와야 한다. 자녀가 자기 자신을 있는 그대로 인지하고 받아들이고 사랑하게 돕는 것도 부모의 역할이다. 세상은 온갖 편견으로 소중한 우리 자녀를 세상의 입맛에 맞게 다듬질하려고 달려들 것이다. 그럴 때 자기의 고유한 기질을 스스로 인지하고 받아들인 상태라면 자기 자신을 지킬 수 있다. 그런데 부모들이 소중한 자녀에게 부정적 꼬리표를 붙이는 경우가 있다. 우리는 특히 겸손을 미덕으로 하는 문화 속에 살아서 그런지 내 자녀를 칭찬하면 "아이고, 아니에요."라고 부인하고, 단점을 드러내는 경우가 많다.

나도 그런 부모 중 하나였다. 아들 친구 부모들과 이야기를 나눌 때면 아들의 부족한 점만 얘기하고, 다른 아이는 칭찬하는 게 겸손인 줄 알았다. 그건 겸손이 아니라 아이에 대한 평판을 부모가 만들고 있는 거였다. 어느 날부터 내 아들은 엄마인 내가 말한 부족한 점들만 가득한 아이가 되어가고 있었다. 더 충격적인 건 아이 스스로 그렇게 생각한다는 거였다. 어느 날 아들에게 잔소리하는데 아들이 울먹이며 "엄마는 나를 안 믿잖아. 맨날 이모들한테 내 욕하잖아"라고 말했다. 평소에 다른 사람 일에 큰 관심이 없는 아들이라 옆에 있어도 안 듣겠거니, 감정 표현을 잘 안 하는 애니 들려도 괜찮으려니 했던 말들이 아들에게 상처가 되었다. 다른 사람에게 자기 존재가 인정받지 못하면 절망하게 되고 자아존중감도 낮아진다. 부모가 자녀에게 붙인 꼬리표는 부모도, 자녀도, 주변 사람들도 그 꼬리표대로 생각하고, 행동하게 만든다. 그래서 부모의 말이 중요하다.

그렇다면 자녀의 고유한 기질을 어떻게 알아차릴 수 있을까? 첫째, 꾸준히 관찰해야 한다. 진심 어린 관심을 바탕으로 자녀를 바라보고, 자녀의 이야기를 듣고, 기다려 주며 관찰하면 된다. 조금 더 구체적으로 본다면, 자녀를 행동하게 하는 동기가 무엇인지 살펴봐라. 자기 내면에 의해 움직이는지, 외부 요인에 의해 움직이는지, 에너지는 스스로 나오는지, 외부에서 얻는지를 살펴보면 자녀와 효과적으로 대화할 때 도움이 된다. 둘째, 자녀가 말하는 방식을 살펴보면 된다. 기질은 말투에 깊은 영향을 미친다. 빠르게 말하는지, 느리게 말하는지, 부드럽고 조용히 말하는지 활기차고 큰 목소리로 말하는지를 살펴보라. 또한, 예측하지 못한 일이 일어났을 때 반응하는 강도, 감정조절 능력 등을 통해서도 기질을 알 수 있다. 놀랐을 때 어떻게 반응하는지, 화가 났을 때 진정하는 방식이나 걸리는 시간 등을 보면 알 수 있는 것이다. 기질은 전반적인 대화와 행동 방식이라고 볼 수 있다.

　기질은 타고나는 것이지만, 하나로만 설명할 수는 없다. 어릴 때는 내향적이었다가 성장해서는 외향적으로 변하기도 한다. 자녀의 기질은 부모와의 상호작용을 통해서도 달라질 수 있다. 부모가 자녀의 고유한 기질을 인정하고 긍정적인 이야기를 하면 자녀는 더 좋은 방향으로 노력한다. 기질은 옳고, 그름은 없지만 자녀의 기질에 따라 발현될 수 있는 부정적인 면에 대비하는 것도 필요하다. 예를 들면 충동성이 강하다면 자기가 할 수 있는 것보다 높은 목표를 달성하려고 시도하다 몸과 마음이 다치는 일이 일어날 수 있다. 따라서 자녀의 기질과 성격을 중립적인 시선으로 바라보고 긍정적인 면을 발달시키기 위한 소통을 해야 한다. 즉, 자녀의 기질에 따라 대화방식이 달라져야 한다. 사람은 타고나는 기질과 상관없이 무한한 발전 가능성을 갖고 있다. 부모가 자녀의 고유성을 인정하며 기질에 따라 대화를 나눈다면 미처 알지 못했던 자녀의 숨겨진 재능이나 강점을 발견할 수 있다.

자기 내면에서 에너지가 나오고 동기를 부여받는 내향형 자녀에게는 일방적인 명령 형태가 아닌 제안의 형식으로 대화하면 효과적이다.

"네가 ~~했을 때 어떤 결과가 나타날까?"
"네가 할 수 있는 일은 어떤 게 있을 것 같아?"
"혹시 ~~ 해보는 것은 생각해 본 적 있니?"
"너는 어떻게 해보고 싶어?"

이렇게 대화하면 자녀는 스스로 고민하고, 자기 안의 에너지를 사용하여 무엇인가를 해낼 것이다. 내향형이면 어떤 말을 하기 전에 자기 안에서 정리가 필요한 경우가 많으므로 자녀가 말을 꺼낼 때까지 인내심을 갖고 기다려 주는 게 필요하다.

외부에서 동기 부여되는 자녀는 다른 사람의 영향에 너무 좌지우지되지 않도록 자기중심을 갖게 도와야 한다. 타인의 말과 행동이 자기 삶에 어떤 영향을 미치는지 그 말의 진실성 등을 판단하기 전에 타인에게 휘둘릴 수 있다. 자기가 아닌 타인이 중심이 되어 자기 삶을 결정하게 될 수도 있다. 자녀와 관계를 맺게 될 타인의 긍정적인 면과 부정적인 면을 구별할 수 있도록 가르치는 것이 필요하다.

"다른 사람은 너를 평가할 수는 있지만, 그게 정답은 아니야."

"너에게 중요한 일은 다른 사람이 대신 결정해 줄 수 없어"

"너에게 중요한 사람의 의견을 존중하는 건 좋은 일이야. 하지만, 결정은 네가 해야 해"

"다른 사람들이 권하는 일을 하는 것도 좋지만, 너에게 정말 의미 있는 일인지 생각해 보면 좋겠어."

이런 대화를 통해 자녀가 외부 동기요인을 판단하는 기준을 만들어 주는 게 필요하다. 자녀가 예민하다면 사소한 것을 물어도 귀찮아하지 말고 대답을 잘해주어야 한다. 표현하기 싫어하는 경우는 자기 생각과 감정을 잘 모르거나 어떻게 말해야 할지 모르는 경우가 많다. 부모가 다양한 선택지를 먼저 제안하고 그중에서 고르게 하거나 감정에 이름을 붙여주고 어떤 감정인지 말로 표현할 수 있도록 대화를 이끌어가는 게 중요하다. 아무리 얘기해도 집중하지 않고 금방 잊어버리는 아이들은 대화 시작 전 준비가 필요하다. "지금부터 엄마랑 얘기하는 시간이야. 하던 일은 멈추자."라고 대화의 시작을 알려주자. 대화하면서도 자녀가 집중할 수 있게 중간에 신호를 주는 게 필요하다. 자녀의 고유한 기질이 모두 다르기 때문에 대화법이 달라져야 하는 것이다.

부모와 사춘기 자녀 사이가 나빠지는 이유는 대화가 제대로 이루어지지 않아서이다. 아동기까지는 부모의 말을 참고 들거나, 부모가 자녀의 말을 참아주었다면 자아가 생기기 시작한 사춘기에는 대화가 제대로 이루어지지 않으면 갈등이 생길 수밖에 없다. 서로 자기 말을 이해하지 못한다고, 말귀도 못 알아듣는다고 화를 내고 등 돌릴 것이 아니라 제대로 대화하기 위한 방법을 찾아야 한다. 자녀 때문에 힘들다고 생각하지 말고 부모인 나의 고유한 기질 때문에 힘든 건 아니었는지도 돌아봐야 한다. 부모가 자녀의 기질을 알고 그에 따라 대화한다면 자녀는 존중받는다고 느껴 부모와 긍정적 관계를 맺게 된다. 부모 또한 자녀와 실랑이하지 않으면서 스트레스를 줄일 수 있다. 부모에게 자신의 고유성을 이해받고 존중받으며 자란 자녀는 다른 사람의 고유성을 인정할 줄 아는 사람으로 자랄 것이다.

사춘기 아들과 딸의 고유성 차이

첫째, 아들과 딸 모두 사춘기가 되면 성취적인 태도를 보인다. 아들은 경쟁의 측면에서 성취하고자 하여 또래가 중요하게 생각하는 영역에 집중한다. 게임이나 운동 등에 집착하는 것도 그런 영향을 받아서이다. 딸은 지금보다 미래를 위한 성취에 목표를 둔다. 직업, 경제적 안정, 결혼 등 자기 인생을 멀리 보고 이를 위한 성취를 중요시한다.

둘째, 또래 관계가 가장 중요한 사춘기 아들, 딸은 관계성을 중요하게 생각한다. 가족보다 친구들과 더 친밀한 관계를 맺는 경우가 많으며 대체로 자신과 비슷한 취미, 성향인 아이들과 또래가 형성된다. 아들은 또래 그룹에서 은연중에 서열이 매겨진다. 딸은 한 명의 리더를 중심으로 비슷한 위치에서 관계를 이어 나간다.

셋째, 감정 인지 능력에 차이가 있다. 딸은 자기감정 상태를 정확히 인지하고 표현도 능숙하지만, 아들은 자기감정임에도 어떤 감정인지 잘 모르는 경우가 많다. 이는 감정 표현도 미숙하게 이루어지는 원인이 된다.

아들과 딸은 태어날 때부터 다른데 사춘기가 되면 그 차이가 명확하게 보이기 시작한다. 이 또한 아들과 딸이라는 고유성에 따른 것으로 부모는 사춘기 자녀의 고유한 기질에 따라 대화를 시도해야 한다. 사춘기 자녀들이 부모에게 원하는 건 부모가 원하는 모습으로 자기에게 요구하는 것이 아니라 자기 자신을 있는 그대로 봐주는 것이다. 사춘기를 거치며 자신이 누구인지 찾아가고, 처음 접하는 힘든 일들을 해결해 보며 성숙해지고 있는 자녀들을 있는 그대로 인정하고 조금 잘못하더라도 기다려 주는 게 필요하다.

2

자존감을 높이는 대화법

    사춘기에는 자기 존재에 대한 고민이 깊어진다. '나는 누구인가?'라는 원초적인 질문에서 시작하여 자신을 정의하고, 만들어 가는 중요한 시기이기 때문이다. 이때 자아존중감이 높으면 자신에 대한 객관적인 인식이 가능하여 건강한 자아상을 형성할 수 있다. 사춘기의 자아존중감은 성격 발달뿐만 아니라 정신건강에도 영향을 미친다. 자아존중감이 낮으면 우울증, 불안 등을 경험할 가능성이 커지고 음주, 흡연, 약물 등의 유혹에 더 쉽게 빠질 수 있다. 또한, 어떤 일을 할 때 동기나 의도보다는 결과를 중요하게 생각하고 결과에 따른 보상이 무엇인지, 다른 사람들은 결과를 어떻게 평가할 것인지에 집착하게 된다. 결국 어떤 일을 하더라도 스스로 만족하고 행복하게 느끼기가 어려워진다.

사춘기에는 새로운 도전을 시도하고, 성공과 실패를 경험하며 잠재력을 발견해야 한다. 자아존중감이 높으면 적극적으로 새로운 것을 탐색하고 도전하며 자기주도 학습으로 이어져 꿈을 실현하기 위해 노력한다. 사회적 관계에도 긍정적 영향을 미쳐 친구를 쉽게 사귀고 대인관계가 원만하다. 자기 삶을 주도하고, 도전하며 과정을 즐기며 삶의 만족도를 높여갈 수 있다.

나는 사춘기 때 자아존중감이 낮은 편이었다. 무남독녀 외동 딸이 버릇없이 클까 봐 엄하게 훈육하고, 칭찬에 인색했던 부모님의 영향도 있었다. 무엇이든 욕심내거나 질투하는 것은 용납되지 않았기에 주어지는 것에 만족하며 자랐고 주변 친구들과 비교하며 자아존중감이 낮아졌다. 친구들의 말 한마디에도 쉽게 영향을 받아 감정 기복이 심했으며, 새로운 일에 도전하는 것을 두려워했다. 그러나, 자아존중감이 낮은 것이 꼭 나쁜 것은 아니다. 내면의 결핍을 극복하기 위해 더 큰 노력을 하여 성장의 가능성이 커지기도 하기 때문이다. 나도 스스로 도전하고, 노력하여 성취를 경험하며 자아존중감이 향상되었다.

이렇게 사춘기의 자아존중감은 인생 전반에 걸쳐 영향을 미치는 기초체력과 같다. 사춘기에 형성된 건강한 자아존중감은 성인이 되었을 때 삶의 질, 인간관계 등 전반적인 삶에 영향을 미친다. 자아존중감은 자신을 존중하는 힘으로 나는 소중한 사람이며 무엇이든 해낼 수 있다고 인식하는 것이다. 자기효능감과도 연결되며 '자기 존재를 귀하고 소중하다고 생각'할 때 형성된다. 요즘 시대는 불확실성이 크며, 안정적으로 살아가는데 다양한 장애요인이 많아지고 있다. 그래서 자기에 대한 확신을 바탕으로 스스로 자기 삶을 선택하고 살아가는 것이 중요하다. 다른 사람의 평가나 말에 휘둘리지 않고 행복한 삶을 살아가기 위해 자녀들의 자아존중감을 키워줘야 하는 것이다.

사춘기 자녀의 자아존중감 향상에는 가족과 또래와의 대화가 중요한 역할을 한다. 또래 친구들이 자기에 대해 뭐라고 하는지 늘 궁금해하고, 한마디 한마디에 영향을 받으며, 친구들과 관계가 원만하면 자아존중감이 높아진다. 가족과의 대화는 특히 중요하다. 가족이기 때문에 긍정적 말을 건네고, 칭찬하는 것에 인색한 게 우리나라 가정의 특징 중 하나이다. 일상에서 자녀의 존재 자체가 소중하며 귀하다고, 매일 매일을 잘 살아가고 있다고 말해주면 자녀 안의 긍정적 에너지가 자극되어 자아존중감 향상으로 이어진다.

사춘기 자녀의 자아존중감을 높이기 위해 어떤 대화를 해야 할까? 먼저 가정, 자녀의 존재를 부정하는 말을 하면 안 된다. 살다 보면 부부 사이에 냉기가 돌 때도 있고 결혼이 후회스러울 때도 있다. 그럴 때 특히 조심해야 하는 말이 "어쩌다 보니 네 아빠랑 결혼하게 된 거야", "지금 같았으면 쳐다도 안 봤다", "그때 네가 생기는 바람에…", "너만 아니었으면 진작 이혼했지"와 같은 부모의 결혼, 자녀의 출생을 부정하는 이야기다. 사춘기는 특히 정서적으로 예민한 시기인데 자기 부모가 행복한 결혼생활을 하고 있지 않으며 자기 출생이 축복받지 못한다고 여기게 되어 자아존중감에 부정적 영향을 미치게 된다.

가족과 친척에 대한 부정적인 말도 조심해야 한다. 사춘기에는 자기가 속한 집단의 중요성을 알게 되면서 소속감의 욕구가 생긴다. 부모, 형제자매, 친척에 대한 긍정적인 말은 자기 가족이 좋은 집단이라고 인식하게 되고 자신이 좋은 집단에 소속된 구성원이라는 사실에 자부심을 느끼게 되어 자아존중감 향상으로 이어진다. 사춘기 자녀 앞에서는 부모, 형제자매에 대한 부정적인 말은 정말 조심해야 한다. 가족에 대한 부정적 인식이 형성되고, 자기 가족에 대한 실망감이 다른 소속집단을 찾으려는 시도로 이어질 수도 있다.

사춘기는 자기 생각이 자리 잡는 시기여서 두루뭉술하게 칭찬하거나 자녀가 이미 알고 있는 잘못을 반복해서 질책하면 역효과만 불러온다. 자녀가 한 행동에 담겨있는 의미와 중요하게 여기는 가치가 무엇인지를 살펴보고 그에 맞춰 대화해야 한다. 자기 생각과 감정을 억누르지 않고 표현할 수 있게 돕는 것이다. 어린아이뿐만 아니라 사춘기 자녀도 터무니없는 말을 할 때가 있다. 그때 "무슨 쓸데없는 소리를 하고 있어. 말이 되니?"와 같이 반응하면 안 된다. "그렇게 생각했구나~. 어떻게 그런 생각을 하게 된 거야?"처럼 먼저 자녀의 생각을 인정해 주어야 한다. 입밖으로 꺼낸 말로만 판단하지 말고 말속에 내포된 의미, 감정 등을 파악해서 대화를 이어가야 자녀도 입을 다물지 않는다.

자녀의 말에 일리가 있다면 인정하고 수용해 주는 것은 자아존중감 향상에 도움이 된다. 자기 의견이 받아들여지며 가족 규칙이나 부모의 행동이 바뀌는 경험은 자신이 존중받았다고 느끼기 때문이다. 자녀가 자신의 정당성을 주장하기 위한 이야기를 할 때는 일단 들어주어야 한다. 자녀가 하고자 하는 말의 의미를 이해하고자 노력하는 모습만으로도 자녀는 공감받는다고 느낀다. 이때 무조건 수용하기보다 자녀가 부모를 설득할 기회를 주는 게 중요하다. 부모가 자녀의 말을 막아서면 감정이 억눌리고 쌓이다 보면 언젠가는 폭발하고 만다. 자기보다 약한 사람을 대상으로 분풀이하거나 마음의 병이 되기도 한다.

사춘기 자녀에게는 부모가 진심을 담아 들어주고 대화에 임하는 것이 필요하다. 자녀의 생각을 들어주며 충분히 인정받는 경험을 제공하라. 인정받은 경험이 부족하면 자기 성취보다 타인의 인정을 더 중요하게 여기게 되며 다른 사람을 인정하기도 어려워하게 된다. 인정할 것이 없더라도 무엇이라도 찾아서 인정해줘야 실패에서 일어설 힘을 갖게 된다. '자신 있게 해! 넌 자신감이 없어서 문제야'와 같은 말보다는 자녀가 하려고 하는 모든 도전을 응원해 주는 것이 좋다.

"실패해도 괜찮아. 도전하는 게 의미 있는 거야."
"결과에 상관없이 네가 하고 싶은 대로 마음껏 해봐."

이런 말은 자녀에게 실패의 두려움 대신 자신감을 느끼게 한다.

반면 자녀가 새로운 일을 하려고 할 때, "넌 아직 준비가 안 됐어. 조금 더 커서 하는 게 좋겠어.", "위험해", "너 혼자 하기는 벅찬 일이야"와 같은 말은 스스로 도전하고자 하는 의욕을 꺾고, 경험을 쌓지 못하게 해 자신감을 잃게 한다.

부모들은 자녀의 실수, 잘못을 못 본 체하지 못하고 꼭 이유를 묻고, 지적한다. 자녀들은 부모의 말을 들으며 '아~ 내가 잘못했구나. 다시는 그러지 말아야지'라고 생각할까? 절대 아니다. '엄마가 또 시작했구나', '나는 이런 것도 잘하지 못하는 사람이구나'와 같은 생각을 할 가능성이 더 크다. 이런 생각이 반복되면 자아존중감이 높아질 수 없다. 눈에 거슬리는 사소한 문제들은 눈을 질끈 감고 넘어가자. 자녀의 부족한 부분, 실패를 부정하지 말고 있는 그대로 받아들일 때 자녀는 인정받는다고 느낀다.

사춘기 자녀와의 대화는 서로에게 상처를 주지 않겠다는 배려에서 출발해야 한다. 그러기 위해서는 자녀를 신뢰하고, 인정하고, 수용하는 과정이 중요하다. 가장 중요한 것은 자녀에 대한 '존중'이다. 부모의 생각이나 가치와 다르더라도 자녀의 고유함을 존중하고 인정해야 한다. 부모로부터 존중받을 때 자아존중감이 높아지고, 다른 사람을 존중할 줄 아는 사람이 된다. 부모가 대화를 통해 자녀 스스로 자신을 존중할 수 있도록 해야 한다.

자기의 생각을 명료하게 정리하여 말하는 능력이 있으면 자아존중감이 높아진다. 이런 능력을 키워주기 위해서는 자녀가 스스로 생각하고 결정하여 말할 수 있게 해야 한다. 많은 부모가 자녀의 말이 끝나기 전에 추측하여 말을 자르거나 자의적으로 판단해 대신 말하기도 한다. 이런 일이 반복되면 자녀는 자기 생각을 정리하거나 타인에게 전달하기 위한 노력을 하지 않게 되며, 자기 생각은 쓸모없다는 느낌을 받고 자아존중감이 낮아지게 된다. 부모는 자녀가 자기 생각을 정리하고 끝까지 말할 수 있도록 기다려 주어야 한다. 사춘기 자녀가 부모와 대화한다는 것 자체에 고마워하며 부모의 생각을 관철하려는 생각은 접어야 한다. 자녀가 어렸을 때부터 "그렇게 하고 싶은 이유는 뭐야?", "그렇게 하면 어떻게 될 것 같아?", "다른 방법도 있을까?", "너는 그 일을 어떻게 해결하고 싶어?"와 같은 질문을 많이 하면 말하는 능력과 사고력을 함께 키울 수 있다.

 **사춘기 자녀의 자아존중감을 높여주는 말**

너는 귀한 사람이야. 누구도 너를 아무 이유 없이 평가할 수 없어.

너는 사회에서 중요한 역할을 하고 있고, 앞으로 더 중요한 역할을 하게 될 거야.

너는 다른 사람과 상관없이 존재만으로 소중하고 중요한 사람이야.

너는 세상에 꼭 필요한 존재야.

너의 삶의 주인공은 너야. 네가 선택하고 결정하는 게 맞는 거야.

삶에서의 실패는 성공을 위한 과정일 뿐이야. 실패에 집중하지마.

너는 어떤 일이든 도전할 수 있는 사람이야. 꼭 성공하지 않아도 돼.

사랑해, 너의 존재 자체를 사랑한단다.

너의 강점은 ~~~거야. 너는 ~~~ 강점을 갖고 있어.

3

논리력을 높이는 대화법

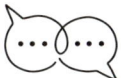

"엄마! 오늘 국어 수행평가 점수가 나왔는데 20점 중에서 16점 받았어요! 서술은 만점인데, 발표할 때 구어체를 써서 감점됐어요."

학교 얘기는 잘 하지 않는 준호가 수행평가 점수를 먼저 말할 정도라면 점수를 잘 받은 것이다. 흐뭇한 마음으로 잘했다고 지지해 주고 끝냈어야 하는데, 한마디 더 하고 싶어졌다.

"준호야, 너는 따로 국어 공부를 하지 않는데 점수를 어떻게 잘 받을 수 있었어?"
"아~ 몰라요"
"모른다고? 네 공부인데, 네가 모르면 어떡해!"

결국 서로 노려보며 대화는 끝났다.

준호는 논리적인 아이다. 자기 생각을 원인과 결과, 필요한 이유 등으로 논리적으로 전달한다. 준호가 어릴 때부터 요구하는 게 있을 때나 자기주장을 펼칠 때는 '왜'를 꼭 설명하게 했다. 그리고 그 주장의 근거를 제시하도록 가르쳤다. 말도 안 되는 근거를 댈 때도 있지만 원하는 걸 성취하기 위해 자료도 찾고, 더 고민하며 조금씩 성장하는 게 보였다. 이렇게 집에서 주고받는 대화방식이 준호의 논리력을 높여주었다.

'논리력'이란 자기 생각이나 추론을 이치에 맞게 표현하는 능력을 말한다. 논리력이 높으면 같은 내용을 배워도 자신이 학습한 내용을 짜임새 있게 구성해 더 빠르게 이해하고, 설득력 있게 전달할 수 있다. 논리력은 사고력과 창의력의 밑거름이 되기 때문에 학업 성취와도 밀접한 관계가 있다. 논리력이 높으면 독해 능력이 좋아 언어영역뿐만 아니라 수학 영역에서도 강점을 보인다. 논리적으로 자기 의견을 표현할 수 있어서 자신감이 높아지고 타인에게 신뢰를 주어 좋은 관계를 형성하는 데 도움이 된다.

사춘기가 되면 이것저것 보고 배운 것이 많아지며 자기만의 논리로 무장하기 시작한다. 사실 자녀가 논리적인 것 같지만, 무논리일 때가 가장 난감하다. 자기는 논리적이라고 생각해 매우 당당하게 달려들지만 조금 더 세상을 겪어본 부모가 볼 때는 그렇지 않을 때가 많다. 그럴 때 자녀의 논리를 깨뜨리기 위해 논리로 맞서서는 안 된다. 사춘기 자녀는 자기 세계를 깨뜨리려는 공격으로 간주하고 호랑이 새끼처럼 더 발톱을 세울 것이다. 그래서 어려서부터 의견을 주고받으며 다른 의견도 수용하고, 자기 의견을 주장하는 연습을 시키는 것이 중요하다.

자녀의 논리적 사고를 가로막는 부모들의 대표적인 실수들이 있다. 첫 번째, 대화 중에 "그건 당연하지!"라고 말하는 것이다. 세상의 모든 일이 당연하지 않다. 시대가 변하며 인식이 바뀌고 상식이었던 것이 상식이 아니게 되기도 하고, 예전에는 지킬 필요가 없던 일이 세상 중요해지기도 한다. '당연하다'라는 말은 지금까지 이어져 온 어떤 사실에 대해 깊이 고민하지 않았을 때 나오는 말이다. 예를 들어, 아이가 대회에서 좋은 성적을 거두어 상을 받아왔다. 아이는 그 대회를 준비하며 좋은 성적을 내기 위해 큰 노력을 했다. 상을 받아 기쁜 아이에게 부모가 "상을 받은 건 당연한 거야"라고 말한다. 상을 받기 위해 노력했기 때문에 결과로써 상을 받은 거라는 의미이지만, 아이는 그렇게 생각하지 않는다. 아무리 노력을 많이 했어도 상을 받지 못할 수도 있다. 아이에게는 "네가 열심히 노력해서 상을 받게 된 것을 축하해"라고 말해주어야 한다. 노력이라는 원인으로 상이라는 결과를 받게 되었다는 것을 설명한, 이게 논리적 대화이다. 아이에게는 노력하면 좋은 결과를 받을 수 있다는 것을 인식시켜 앞으로도 노력하게 할 것이다. 아이가 무엇인가를 요구할 때 "그건 당연히 안 되는 거야"이라는 거절의 말은 삼가야 한다. 왜 안 된다고 하는지 정확한 이유를 함께 설명해 주어야 같은 요구가 반복되는 걸 방지할 수 있다. 그저 당연한 거니까 안되고, 당연하니까 해야 한다는 말은 사춘기 자녀에게 먹히지 않는다.

두 번째, 질문이다. 간혹 부모들이 자녀에게 하는 질문이 사실은 질문이 아닐 때가 있다. 부모들이 답을 듣고 싶어 질문한 게 아니기 때문이다. 자기 의견에 확신을 더하려는 시도일 뿐이나 자녀들은 자기에게 질문한 것으로 생각하고 답변을 시도하다 막히는 경험하게 된다.

> "너, 엄마가 뭐라고 했어. 이런 일이 있으면 어떻게 하라고 했어?"
> "엄마한테…."
> "아니, 엄마가 말하는데 끝까지 들어야지! 그래서 어떻게 할 건데?"
> "아…. 나는 그래서…."
> "어휴…. 답답해. 네가 뭐 생각이나 하고 있겠니? 어쩌려는 거야, 대체!"
> "……"

자녀의 말문은 그렇게 닫힌다. 말문과 함께 논리적인 사고력도 안개처럼 희미해진다. 자기 의견을 말할 필요가 없기 때문이다. 의견을 말할 필요가 없으니 생각할 필요도 없다. 논리적 사고가 왜 필요하겠는가? 자녀의 말문을 막지 말자.

사춘기 자녀와 대화할 때는 특히 정확한 단어를 사용해야 한다. 요즘에는 워낙 줄임말, 인터넷 용어가 많아지고 있고, 단어의 뜻을 변형하여 사용하는 것도 등장했다. 단어의 정확한 의미를 알고 적절하게 사용할 줄 알아야 자기 의견을 전달할 수 있다.

"트랄랄레로 트랄라라라" "퉁 퉁 퉁 퉁 퉁 퉁 퉁 퉁 퉁 사후르"

어느 날 자기 방에서 알 수 없는 말을 중얼대며 돌아다니는 아들을 보며 당혹스러움이 가득했다. 도대체 무슨 말인지, 무슨 뜻인지 알 수가 없었다.

"준호야, 그게 무슨 말이야?"
"아, 요즘 밈에서 유행하는거야"
"밈은 뭐야?"
"……"
"……, 꼭 원시인 같아! 하하하"
"……"

준호와 대화는 그렇게 끊겼다. 게임에서 시작된 원시인 대화 같은 말들은 성인들의 건배사에도 활용되며 대중화가 되고 있다. 아들이 친구들과 아무 의미 없는 말을 서로 주고받으며 낄

낄대고 웃는 걸 보고 있으면 속이 터진다. 또한, 완전한 문장으로 말을 해야 한다.

"준호야, 그거, 그거 있잖아, 이리로~", "어? 어머! 어머!! 아이고···. 헐~ 대박!"
"학교에서 너···. 하, 참 나···. 그럴 거야? 어?"

대체로 사람은 내가 생각하고 있는 걸 상대방도 알 거로 생각한다. 상대의 생각이나 마음을 읽는 초능력이 있지 않은 이상, 어려운 일이다. 이심전심은 평소에 서로 생각을 교류하고, 비슷한 생활양식대로 살아왔을 때 가능하다. 자녀와 평소에 이야기를 많이 나눴다면 모를까, 주어, 목적어, 서술어가 완전하지 않은 문장을 이해하기는 어렵다. 특히 사춘기 자녀와 대화할 때는 주어, 목적어, 서술어, 수식어 등을 제대로 갖춘 문장으로 말해야 한다. 제대로 말해도 본질을 곡해하는 참신한 사춘기 자녀에게 완전하지 않은 문장으로 말하는 건 꽤나 위험한 시도이다. 오해를 불러일으키지도 않고, 완전한 문장을 일상에서 습득하게 해서 논리력을 쌓을 수 있는 좋은 대화법이다.

 논리력을 높이는 대화 속 단어

1. '왜냐하면'

대화를 하다 보면 '왠지 그럴 것 같아', '그냥~', '그건 당연히 그런 거야' 와 같은 정확한 근거를 대지 못할 때가 있다. 경험적 추측, 구전되어 온 이야기를 전할 때 특히 많이 쓰이게 된다. 이런 말은 근거가 정확하지 않아 논리적이지 않다 보니 설득력을 갖지 못한다. 이때 필요한 단어가 '왜냐하면'이다. 주장의 근거를 제시하게 하는 단어이기 때문에 스스로 자기주장을 뒷받침할 근거를 찾게 된다. 이런 습관이 쌓이다 보면 논리력이 높아질 수밖에 없다.

2. '하지만, 다른 관점에서 보면'

세상에는 정답이 없다. 각자의 다름을 인정할 때 대화가 가능해지고 논리성을 갖출 수 있다. 나의 말을 상대방이 이해하지 못할 거라는 걸 전제하고 쉽게 설명하고, 설득하기 위해 근거를 찾아 이야기하면 의미 있는 대화가 가능해진다. 즉, 다양한 관점에서 생각하고 이해하기 위한 말이 '하지만, 다른 관점에서 보면' 이다.

3. '00는 000이다'

말을 하다 보면 평상시에 쓰던 단어를 무의식중에 쓰게 된다. 막상 뱉었는데, 자녀가 무슨 뜻인지 물어보면 정확히 설명하지 못할 때가 종종 있다. 제대로 정의가 되어 있지 않아서이다. 대략적인 의미는 알고 있으나 정확한 뜻을 기억하지 못하면 논리적 대화를 할 수가 없다. 평상시에 단어, 사물 등의 정의를 정확히 이해하고자 노력하면 본질까지 알 수 있어 논리력이 향상될 수 있다.

4

주체성을 높이는 대화법

"엄마, 과자 먹어도 돼?"

"엄마, 공부 3시부터 시작해도 돼?"

"엄마, 이따가 씻어도 돼?"

"엄마, 잠깐 쉬었다가 해도 돼?"

"엄마, 나 친구랑 놀고 와도 돼?"

준호가 자주 하는 질문들이다. 준호는 과자와 음료수를 너무 좋아해서 하루에 먹을 수 있는 양을 제한하고 있다. 아직은 스스로 시간 관리를 잘하지 못해 공부할 시간, 놀 시간을 체크하기도 한다. 그냥 두었을 때는 하루에 과자를 4~5봉지도 거뜬히 해치웠는데, 제한하니 조절할 수 있게 됐다. 그런데 어느 순간 질문이 많아졌다. "엄마, 이거 해도 돼? 엄마, 이거 먹어도 돼?"라는 질문이다. 엄마의 기분에 따라 어느 날은 하루에 1봉지만 허락해 주고, 어느 날은 하루에 3봉지를 허락하기도 하다 보니 준호는 기준을 잡지 못하고 눈치를 보며 물어왔다. 과자를 몇 봉지 먹고, 몇 시에 공부할 건지 통제하면 아이가 스스로 기준을 익히고 습관이 될 거라 믿었던 나의 착각이 오히려 아이가 스스로 판단하고 결정하지 못하게 하고 있었다.

그때부터 혼란스러워졌다. 스스로 판단하고 결정하고 행동하게 하는 '주체성'을 도대체 어떻게 키워줘야 하는 것인지 말이다. 그렇다고 아이가 원하는 대로 놔두고 '언젠가 스스로 잘하겠지'라는 마음으로 기다리기에는 '세 살 버릇 여든 간다'라는 속담이 현실이 될까 조바심이 컸다. 아직 사리 분별이 완전하지 않기 때문에 사회 통념과 맞지 않는 자기만의 기준을 세울까도 걱정됐다. 먹고 싶은 게 있더라도 건강을 위해 참을 줄도 알아야 하고, 놀고 싶더라도 자기가 해야 할 일을 마치고 놀아야 하는 것과 같은 상식적인 기준을 통제로 가르치려고 했다. 통제를 통해 기준을 배우고 기준을 토대로 자기 생각을 만들어 갈 거라는 기대와는 다르게 주체성이 낮아지는 결과로 이어진 것이다.

주체성은 자기의 생각, 목적, 가치가 분명하여 외부에 휘둘리지 않고 자기 의지에 따라 행동하는 것을 말한다. 어떤 모습을 보면 주체성이 있다고 말할 수 있을까? 주체성의 특징을 알면 주체성이 있는지, 어떻게 주체성을 기르게 도와야 할지를 알 수 있다. 첫 번째 특징은 타인에게 영향받지 않고 스스로 판단하고 결정하는 자기 결정력이다. 두 번째 특징은 자율성으로, 자기 행동과 삶을 스스로 통제하고 관리하는 것이다. 세 번째는 자기 선택과 행동으로 인한 결과를 수용하고 책임지는 것이며 네 번째는 자신을 둘러싼 상황과 정보를 비판적으로 분석하고 판단하는 비판적 사고이다. 주체성은 삶의 많은 영역에 영향을 미친다. 주체성이 부족하면 정보나 사상의 올바름을 판단할 수 없고, 타인의 생각을 따라가며 자기 삶을 주도적으로 이끌어가지 못한다. 주체성이 높으면 자기 삶에 책임감을 느끼고 어려움이 생겨도 도전하며 주체적으로 살아간다.

지금은 정보가 쏟아지고, 기존의 가치가 바뀌며 빠르게 스스로 판단해야 하는 일이 많은 시대이기 때문에 성인이 되어서도 주체성을 꾸준히 키워야 한다. 주체성을 갖고 살아가기 위해서는 자신의 가치관과 신념을 확립하고, 끊임없이 배우고 성장하며, 자신의 선택에 대한 책임감을 갖는 것이 중요하다. 자녀가 성인이 되면 자립하게 되는데 이때 중요한 것이 주체성이기도 하다. 자녀의 주체성을 높이기 위해 부모는 무엇을 해야 할까?

자녀의 주체성을 키우기 위해서는 첫째, '자녀를 너무 많이 돕지 말아야 한다.' 여든이 넘은 나의 어머니도 마흔이 넘은 내가 하는 행동들이 마음에 들지 않거나, 덜 힘들게 하고 싶어 '대신' 해 주는 일이 있다. 그러니 십 대인 사춘기 자녀를 보는 부모의 마음은 오죽하겠는가. 기다려 주고, 지켜봐야 한다는 것을 알지만 생각과 다르게 말과 손이 먼저 나간다. "엄마가 해줄게.", "그건 그렇게 하면 안 되지! 이리 줘봐."와 같은 말은 자녀를 무능력하게 한다. 이는 부모가 자신이 경험한 실패를 자녀가 되풀이하지 않고, 조금 더 편하게 더 멀리 나아가게 하고 싶은 마음 때문이다. 하지만 부모의 자녀를 돕는 말과 행동은 자녀에게 "부모님은 내가 혼자 해낼 수 없다고 생각하는구나"라고 느끼게 한다.

부모는 자녀가 주체적으로 성숙할 수 있도록 돕기 위해 자녀가 도전하고 실패할 기회를 빼앗으면 안 된다. 특히 사춘기 자녀는 한 명의 존엄한 인간으로서 스스로 판단하고 결정하여 행동할 수 있도록 격려받아야 한다. 실수하고 실패할 자유를 보장받아야 한다. 그러기 위해 자녀가 자신의 미래를 상상하고, 상상한 미래를 실현하기 위해 스스로 책임지고 행동할 수 있게 결정하고 행동할 권한을 위임해야 한다. 자녀가 자기 인생을 상상하고 계획하여 도전하는 과정에서 배우고 성장하는 것은 누구도 대신해 줄 수 없는 것이다. 간혹 정말 자녀를 대신해 결정해야 할 때가 있다. 그럴 때는 자녀에게 충분히 설명하는 것이 필요하다.

둘째, 눈앞에 닥친 문제를 해결하기 위한 순간적인 방법을 알려주기보다 스스로 문제를 해결할 수 있는 문제해결력을 키워줘야 한다. 자녀의 의존도가 높아지는 것은 부모의 영향이 크다. 자녀가 스스로 하기를 바라면서도 부모가 대신해 주는 것은 자녀에게 이중 메시지를 주어 혼란스럽게 한다. 자녀가 느리거나 부족할 수도 있다. 스스로 해낼 수 있다고 믿고 기다려 주어야지, 답답하고 성급한 마음에 부모가 대신해 준다면 의타심만 키우게 된다. 어떤 문제가 생겼을 때 우선 자녀의 행동을 수용해 주고 다른 해결책을 알려주는 것도 좋은 방법이다. 이때 자녀의 결정에 동조하는 반응을 보여야 한다. '아~ 그래서 그렇게 결정했구나!', '그럴 수도 있겠다.', '그런 방법도 있네!'와 같은 반응을 보이는 것이다. 그런 뒤 자녀가 자기 행동을 스스로 조절할 수 있도록 방향을 제시해 주고 기다려 주면 자기만의 해결 방식을 찾아갈 것이다. 자기가 선택한 행동으로 인한 결과를 직접 경험하도록 하면 문제해결력 향상에 더 도움이 된다. 다만 자녀의 행동을 무조건 수용해 주는 것보다 자기가 책임질 수 있는 선에서 기회를 주는 것이 좋다.

셋째, 자녀가 자기 인생의 의미를 스스로 부여하고 주도적으로 살아가게 해야 한다. 타인의 나에 관한 생각은 삶을 살아가는 데 엄청나게 중요한 것이 아니다. 어떨 때는 나의 삶에 방해가 되기도 한다. 타인의 시선을 신경 쓰고 살다 보면 자유롭고 주체적인 삶을 살아가기 어렵다. 주체적으로 내가 하고 싶은 일을 하고, 내 생각대로 살아가려면 가끔은 타인의 부정적인 시선과 미움을 견뎌내야 할 때도 있다. 우리는 타인의 기대에 따라 살아가는 것이 아니라 자기 인생을 살아가는 것이다. 자녀가 다른 사람이나 상·벌 때문이 아니라 자기 판단으로 행동하고자 할 때 그 용기를 지지해 주어야 한다. 자기 행동에 대한 타인의 평가를 중요하게 생각하지 않고 자신의 욕구를 잘 충족시키고 있는지를 스스로 평가하도록 가르치는 것이다. 이는 타인에게도 똑같이 적용되어야 한다. 다른 사람의 행동과 생각이 나와 맞지 않더라도 비난하지 말고 '다름'을 인정해야 한다. 그럴 때야 나도 다른 사람들에게 인정받을 수 있다.

세상을 살아가다 보면 나와 다른 생각을 강요받는 상황을 수도 없이 마주하게 된다. 그럴 때 맹목적으로 받아들이지 않고 자기 주관에 따라 판단할 수 있어야 한다. 그러려면 자신이 그럴 수 있는 사람이라고 믿어야 한다. 자녀가 그런 사람이라고 믿을 수 있도록 부모가 믿어줘야 한다. 사람은 누구나 똑같은 경험을 하지 않기 때문에 세상에서 일어나는 일에 정답은 없으며 객관적인 기준도 없다. 다만, 사람답게 어울려 살아가기 위해 합의해서 만든 규칙이 있을 뿐이다. 자녀가 인생을 살아가며 겪어낼 문제들을 자기 힘으로 해결할 수 있다는 신념을 갖게 돕는 것이야말로 자녀에게 줄 수 있는 최고의 선물이다.

자녀와 대화할 때 "그건 아니야. 이렇게 해야지.", "이렇게 하는 게 맞아."와 같이 부모가 낸 결론만 얘기해서는 자녀가 자기 주관에 따라 판단하고 행동하게 자랄 수 없다. "이럴 땐 이렇게 해보는 건 어때?", "이런 방법도 있어. 네 생각엔 어떤 게 더 나은 것 같니?", "시험공부를 낮에 미리 해놓으면 일찍 자서 덜 피곤하지 않을까?"와 같이 질문을 던져보자. 부모의 의견을 어필할 수도 있고, 자녀는 강요받는다고 느끼지 않고 스스로 생각하여 선택할 수 있게 된다. 가능하면 자녀가 스스로 선택하고 자기 선택에 책임지는 경험을 많이 제공해야 한다. 부모는 자녀를 억압하고, 가르치는 우월한 존재가 아니라 협력하는 관계인 것을 알게 해줘야 한다. 다만, 타인에게 해를 끼치거나 피해를 주는 행동, 사회적 규범에 맞지 않는 행동에 대해서는 명확하게 경계를 알려줘야 한다. 즉, 스스로 선택할 수 있는 범위를 알려주는 것이다. 그러다 보면 자녀 스스로 자기 삶을 주도적으로 관리하며 살아가게 된다.

넷째, 자기 의견을 명확하게 표현할 수 있게 하자. 우리 사회는 오래전부터 나이 많은 어른에게 순종하는 것을 당연하게 여겼다. 지금은 시대가 많이 변했음에도 분명하게 자기주장을 하는 것을 건방지거나 거만하다고 생각하는 경향이 있다. 사람들 앞에서 자기 의견을 말로 표현하는 건 생각보다 용기가 필요한 일이다. 다른 사람들이 어떻게 생각할지부터 내 말이 틀리면 어떡하지와 같은 염려까지 이겨내야 한다. 그렇게 용기를 내 말한 의견에 부정적 피드백을 받게 되면 위축되어 다른 방식으로 자기표현을 하게 된다. 부모에게 야단맞은 자녀가 방에 들어갈 때 문을 쾅 닫거나 도끼눈으로 쳐다보는 것처럼 비언어적 표현을 사용하기도 하고, 자기방어를 위해 에둘러 말하기도 한다. 예를 들면 부모가 시험을 앞둔 자녀에게 "오늘은 늦더라도 못한 공부를 다 하고 자자."라고 말했는데 자녀가 "오늘은 너무 피곤해요."라고 말하는 것과 같다. 피곤한 자기 몸 상태를 설명하는 것뿐만 아니라 '피곤해서 자고 싶다'라는 의미도 포함된 것이다. 이렇게 말하는 것을 겸손하고 예의 있다고 생각하는 사회적 분위기는 오해를 만들기도 한다. 직접적으로 자기 의견을 표현하지 않고 에둘러 말하다 보니 정확한 의도가 전달되지 않거나 상대방은 대화 주제에 동의했다고 생각한다. 그렇게 오해가 생기는 것이다. 언어로 의견을 정확하게 전달하지 않고 상대방이 알아차려 주기를 바라면 문제가 생길 수 있다.

　자기표현을 명확하게 하는 것과 더불어 중요한 것은 상대방을 배려하는 대화 예절이다. 사람은 자기가 원하는 방향으로 일을 진행하고 싶어 하기 때문에 자기주장을 관철하기 위해 예의에 어긋나는 말을 하거나 상처가 되는 말을 하기도 한다. 많은 부모가 자녀가 부모의 말에 이의를 제기하면 "원래 그런 거야.", "엄마가 시키는 대로 하면 돼", "그건 네가 알 필요 없어. 빨리하기나 해."와 같은 강요와 지시의 말을 한다. 자녀가 궁금해하는 "왜"에 대해서 설명해 주지 않기 때문에 자녀들은 스스로 생각하는 법을 배우지 못하는 것이다. 이렇게 자란 아이들은 똑같은 화법을 구사한다. 타인과 교감하고 소통은 하지 않고 자기 의견만 주장한다면 아무리 좋은 의견이어도 상대방은 수용하지 않을 것이다.

 ## 주체성을 키우는 말

1. "너는 뭐든 할 수 있는 사람이야"

2. "하고 싶은 일이 있으면 일단 시작해봐"

3. "너의 결정을 존중해"

4. "넌 너의 결정을 책임질 수 있는 사람이야"

5. "그렇게 생각한 이유를 알 수 있을까?"

6. "새로운 도전은 즐거운 일이야. 실패해도 괜찮아"

7. "실수하고, 실패하면서 배울 수 있어. 지금의 실패가 도움이 될거
  야"

5

감정조절력을 높이는 대화법

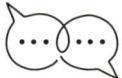

감정조절이 중요한 이유

방금까지 화창한 봄날 소풍 같았는데, 갑자기 먹구름이 잔뜩 낀 살얼음판 위에 놓여 있다. 조금만 집중하지 않으면 살얼음이 깨져 차디찬 물속으로 빨려 들어갈 것 같다. 봄날 푸른 언덕은 나의 말 한마디에 살얼음판으로 바뀌었고, 아들의 성난 목소리는 쩌렁쩌렁 울려 살얼음에 금을 내기 시작했다. 얼음이 깨져 같이 물속에 빠지기 전에 상황을 수습해야 했다.

"준호야, 엄마가 기분 나쁘게 말해서 미안해."

지구 핵까지 뚫을 듯한 눈빛으로 쏘아보던 준호의 눈빛이 조금 사그라들었다.

"……",

"나도 엄마 짜증 나게 해서 미안해."

곧 얼음을 깰 것 같던 목소리도 부드러워지자, 금이 가기 시작했던 살얼음판은 우리 집 거실 바닥으로 돌아와 있었다.

사건의 발단은 이렇다. 준호와 장난을 치다 조금씩 격해지기 시작했는데, 결국 준호와 부딪히며 통증이 느껴졌다.

"아!! 야, 조심해야지! 아프잖아!!!"

통증에 예민한 나는 순간적으로 짜증이 나서 준호에게 화를 냈고, 준호도 "아, 내가 일부러 그랬어? 아, 진짜!!!"라고 버럭했다.

"너, 지금 그게 무슨 말버릇이야? 엄마를 아프게 했으면 사과해야지, 왜 네가 화를 내?"

"아니 내가 일부러 그랬냐고! 나도 아까 아팠는데 참았다고!"

"뭐? 누가 엄마한테 소리를 질러!"

오랜만에 아들과 장난치며 즐겁게 놀던 시간은 감정싸움으로 끝나버렸다. 순간적인 화를 못 이기고 짜증을 낸 나로 인해 시작되었고, 엄마의 짜증을, 짜증으로 받아친 준호가 기폭제가 되었다. 둘 다 감정을 조절하지 못해 생긴 일이다. 원래 욱하는 성격이 있는 나는 감정이 얼굴에 그대로 드러난다. 처음 본 사람도 기분이 좋은지, 나쁜지를 알아챌 정도였다. 지금은 나이가 들고 사회생활을 하며 전보다는 나아졌지만, 여전히 사춘기 아들 앞에서는 감정조절이 어렵다. 그런 엄마를 보고 자란 준호도 감정조절을 잘하는 편은 아니다. 화가 나면 말투부터 표정까지 여과 없이 드러난다. 그 모습을 보면 감정조절 하나 못하는데 학교생활이나 제대로 할지 걱정이 앞서며 '짜증'이라는 2차 감정으로 드러난다.

자녀의 감정조절력은 부모의 양육 태도와도 관련이 있다. 부모의 대화 방식, 부모의 감정조절 능력, 가정 분위기 등에 영향을 받는다. 부모의 의도와 상관없이 부모가 어떤 문제를 대하는 방식, 갈등을 해결해가는 방식, 자주 쓰는 단어나 말투 등을 학습하는 것이다. 따라서 자녀에게 감정을 잘 조절하라고 훈계하기 전에 부모 먼저 감정을 조절하는 연습이 필요하다. 나는 감정을 어떻게 조절해야 하는지 잘 몰랐다. 화가 나면 소리를 지르기도 하고, 불리해질 것 같으면 짜증을 냈다. 목소리가 크면 이긴다가 잘 통하는 방법이었다. 특히 아이에게.

준호가 자기감정을 잘 인식하지 못하고, 감정조절을 어려워했던 것은 나의 영향이 컸다. 자주 화를 내는 엄마를 보며 배운 게 아니었을까. 준호가 커가는 과정에서 나도 함께 커갔고, 감정조절의 중요성에 대해 알게 됐다.

"준호야, 화가 난다고 그렇게 표현하면 안 돼"
"준호야, 넌 감정을 조절할 줄 모르니?"
"준호야, 네가 그렇게 감정을 조절할 줄 모르면 사람들이 너를 좋아할까?"

선무당이 사람 잡는다고 어설프게 들은 이야기로 아이에게 잘못된 교육을 하고 있었다. 여전히 준호는 감정조절을 어려워했고, 나는 그 모습을 보며 같이 감정을 표출하고 있었다.

자기감정을 억누르라고 가르칠 게 아니라 지금 느껴지는 자기감정을 들여다보고, 알아차리고 잘 표출할 수 있게 도와줘야 한다. 지금 느끼는 감정이 '화'인지, '짜증'인지, '억울함'인지 먼저 구분할 수 있어야 한다. 감정을 알아채고 나면 자기가 왜 그런 감정을 느끼는지 생각해 보게 한다. 내가 원하는 대로 되지 않아서인지, 상대방이 나의 요구를 들어주지 않아서인지 말이다. 그런 뒤 감정을 어떻게 표출하는 게 좋은지 가르쳐줘야 한다. 화가 날 때 주먹으로 침대를 내리친다거나, 물건을 던지는 건 좋은 방법이 아니다. 그렇다면 화가 날 때는 어떻게 감정을 표출하고 다스려야 하는지 구체적으로 자녀에게 알려줘야 한다. 감정을 해소하는 건강한 방식을 체득하여야 하는 것이다.

대부분 부모가 많이 하는 실수가 감정을 읽어주기보다 감정을 표출하는 자녀의 행동을 저지하거나 교정하는 것이다. 부모로서는 옳고, 그름을 가르치고 자녀가 바른 행동을 하도록 이끌어 주고 싶은 것이 당연하다. 하지만 자녀는 다르다. 부모가 나를 평가하는 것이 아니라 온전히 내 편이기를 바란다. 이런 방식은 어릴 때는 통할 수도 있지만, 사춘기에 들어선 자녀에게는 통하지 않는다. 자녀의 감정을 읽어주고 공감해 주는 것이 우선되어야 한다. 감정은 자기의 욕구가 충족되지 않을 때 나타난다. 나를 도와주기를 바랐는데, 상대방이 도와주지 않으면 서운해지거나 내가 원하는 방식으로 행동하지 않으면 짜증이 나는 것처럼 말이다. 자녀의 감정을 읽어주면 자녀의 욕구를 알 수 있게 되고 소통이 가능해진다.

사춘기에는 감정 변화가 심하다. 자기감정을 스스로 인식하기조차 어려워하며 자기 생각보다 말이나 행동이 과하게 나타날 때도 있다. 별일 아닌데도 길길이 날뛰거나, 화를 내고 슬퍼하거나 좌절한다. 이럴 때 "쟤 왜 저래?"라고 생각하지 말고 자녀의 감정과 속마음을 들여다봐야 한다. 지금 사춘기 자녀가 보이는 말과 행동은 속마음과 다르다는 것을 상기하며 자녀의 감정과 속마음을 들여다보는 것이다. 특히 주의해야 할 것은 자녀의 공격적인 말과 행동에 휘말리지 않아야 한다는 것이다. 지금 사춘기 자녀는 자신도 자기가 왜 그러는지 알 수가 없다. 그런데 부모가 자꾸 "왜"라고 물어보면 답을 할 수 없으니, 화를 낼 수밖에 없는 것이다.

사춘기 자녀는 자기감정에 대한 부모의 반응에 따라 반응 방식을 정한다. 부모의 태도가 공격적이거나 자기를 이해해 주지 않는다고 생각하면 날선 반응을 보이나, 부모가 자신을 공감하고 이해해 주면 누그러진 태도를 보인다.

"왜 그러는데?", "뭐가 문제야?", "넌 도대체 말투가 왜 그러니?", "맨날 뭐가 그렇게 불만이야, 말해야 알 거 아니야?", "말을 안 하는데 내가 어떻게 알아? 내가 신이냐?", "왜", "근데"와 같은 말은 부모도 답답해서 튀어나오는 거지만 감정이 불안정한 상태인 사춘기 자녀는 자신을 부정하고 받아들여 주지 않으며 이해받지 못한다고 느낀다. 결국 감정의 충돌로 이어지는 것이다.

사춘기 자녀에게는 우선 공감해 주는 것이 중요하다. "오늘 기분이 안 좋아 보이는데 괜찮니?", "지금은 말하고 싶지 않은가 보구나. 네가 얘기하고 싶을 때 말해도 괜찮아. 기다릴게", "지금 화가 난 것 같은데, 감정이 좀 가라앉으면 얘기 나누자", "네가 지금 어떤 상황인지 얘기해줬으면 좋겠어. 엄마는 너를 돕고 싶어"와 같이 자녀가 질책이나 추궁당한다는 느낌이 들지 않도록 자녀의 마음을 읽어주는 것이다. 자녀는 지금 겪고 있는 실패나 좌절은 그 자체로 감당하기 어렵기 때문에 회복하기 위한 시간이 필요하다. 부모가 너그러운 마음으로 자녀의 행동을 바라보고, 여유를 갖고 기다려 주면 슬쩍 다가와 자기 마음을 털어놓을 것이다.

중요한 것은 자녀가 자기가 지금 어떤 감정을 느끼고 있는지 스스로 알아채는 것이다. 이때 부모는 자녀가 처해있는 감정이 자기 자신으로 인한 문제가 아니라 지금 처한 상황과 문제로 인한 것임을 알게 해줘야 한다. 자기감정을 인식하고 솔직하게 감정과 감정이 생긴 원인에 대해 말할 수 있다면 감정 대부분은 해소된다. 이런 경험이 쌓이면 감정을 주도적으로 조절할 수 있게 된다. 자기감정을 들여다볼 줄 아는 사람은 다른 사람의 감정도 잘 느낄 수 있다. 감정을 공감받고 이해받으면 관계성이 높아지는 데 긍정적 역할을 한다.

감정조절력을 키우는 방법

우리나라는 저출산 국가로 2명의 아이만 있어도 다자녀가구로 인정된다. 아이가 귀해지다 보니 가정에서는 아이 중심의 양육이 이루어진다. 아이 중심 양육은 긍정적인 면도 많지만, 아이들이 어떤 일을 참고 기다리고 욕구를 통제하는 경험이 적어지는 단점도 있다. 뇌의 조절 중추가 발달하기 위해서는 억제 자극이 주어져야 하는데 자극이 주어지지 않다 보니 자기조절 능력이 낮아지는 것이다. 자기조절능력은 자기 생각, 감정, 행동, 욕구를 스스로 조절하고 관리하는 능력을 말한다. 자기조절능력은 학업, 사회성, 도덕성, 공감력, 회복탄력성, 리더십 등이 발달하는 데 영향을 미친다. 자기조절능력 중 하나인 감정조절력은 어떻게 키울 수 있을까?

먼저 감정의 소중함을 가르쳐야 한다. 사람의 모든 감정은 소중하다. 자기감정이 존중받고, 스스로 자기감정을 인식하고 인정하며 조절할 수 있을 때 심리적 안전감을 느끼게 된다. 심리적으로 안전하다 느끼면 감정의 변화에 흔들리지 않으며 정서적으로 성장하게 되어 안정된 삶을 살 수 있다. 감정의 소중함을 알게 하기 위해서는 평소에 자녀가 다양한 감정을 자유롭게 표현할 수 있도록 자녀의 말을 경청해야 한다. 많은 사람이 부정적 감정을 표현할 때는 다른 사람에게 미움받을까 걱정한다. 어렸을 때부터 긍정적이든, 부정적이든 감정의 종류와 상관없이 감정을 이해받는 경험을 하면 감정의 소중함을 알게 된다.

두 번째, 사실과 현상이 아닌 자녀의 감정에 집중해야 한다. 자녀가 실수했을 때 잘못된 행동과 사실만 강조하기보다 자녀가 지금 느끼는 감정이 무엇인지 들여다보고 집중해 줘야 하는 것이다. 특히 사춘기에는 사리 분별이 가능하므로 이미 자기 잘못을 알고 있다. 그런데 부모가 계속 잘못된 행동을 언급하면 혼내기 위해 트집 잡는다고 생각한다. 잘못한 일에 대해서는 왜 잘못됐는지, 그 일이 어떤 영향을 끼쳤는지에 대해 한 번 정도 언급하고 그로 인한 자녀의 감정을 살펴보자. 부모는 자녀가 시험 공부를 하기 싫다고 하면 공부를 해야 하는 당위성만 강조한다. "이번 시험 망치면 어쩌려고 그래! 공부는 누구나 하기 싫은 거야. 너만 그런 줄 알아?", "공부 안 하면 뭐할 건데? 나중에 뭐 해

먹고살래?"와 같은 말이 아닌 시험공부를 하기 싫어하는 마음을 인정해 주고 이해하기 위한 대화를 해야 한다. 이유를 들어보고 같이 고민해 주어야 한다. 시험공부를 하기 싫어하는 행동에는 여러 감정이 얽혀있을 수 있다. 공부 자체를 하기 싫은 마음, 시험점수가 잘 나오지 않을까 봐 걱정스러운 감정, 다른 것을 하고 싶은데 공부해야 해서 짜증 나는 감정, 공부를 잘 해낼 수 있을까 두려운 감정 등이 뒤섞여 있는 것이다. 그런데 감정이 아닌 보이는 말과 행동만으로 자녀를 혼내거나 억압하면 자녀의 입은 점점 열리지 않게 된다. 숨겨져 있는 자녀의 감정에 주목하고 얘기 나누다 보면 자녀도 자기감정을 스스로 인식하고, 표현하게 된다.

세 번째, 부정 감정을 대하는 방법을 가르쳐야 한다. 부정 감정을 어떻게 다루느냐는 감정조절의 핵심이다. 살아가다 보면 화가 나거나, 짜증이 나는 등의 부정 감정에 휩싸일 때가 많다. 이때 감정을 어떻게 다루느냐에 따라 사람과의 관계, 삶의 방향이 달라진다. 부정 감정을 잘 다루면 스트레스, 우울증, 불안장애와 같은 정신건강에 미치는 안 좋은 영향을 줄일 수 있다. 또한, 타인과 갈등을 예방해 대인관계를 원만히 할 수 있으며, 감정에 휘둘리지 않고 상황을 판단하여 더 나은 결정을 내릴 수 있다.

부정 감정은 분노, 슬픔, 불안, 죄책감, 질투, 혐오감 등이 있는데 대체로 부정 감정을 표현하는 것을 터부시한다. 힘들다고 칭얼대고, 불편하다고 투덜거리고, 화를 못 참는 사람으로 평가받기 쉽기 때문이다. 그래서 많은 사람이 부정 감정을 감추고, 숨기며 속으로 삭이다가 문제가 생긴다. 준호는 부정 감정을 잘 표현하는 편인데 '잘 표현한다'라는 것이 자기감정을 말로 잘 전달하는 것이 아니라 '느끼는 대로' 표현한다. 기분이 나쁘면 목소리가 커지거나 침대에다 주먹질하는 형태이다. 어떨 때는 보고 있으면 참을성의 한계를 느낄 만큼 부정 감정을 표현할 때도 있다. 그럴 때는 너무 과한 것 같고 저렇게 표현하면 대인관계에 영향을 미치지 않을까 걱정이 앞선다. 쏜살같이 쫓아가 준호에게 한마디 한다. 준호의 부정 감정을 들어주고 자기감정을 잘 표현할 수 있게 가르쳐야 하니까 말이다.

"준호야, 화가 난다고 발을 구르거나 물건을 거칠게 다루면 안 돼"
"네가 화난다고 문을 쾅 닫고 침대를 내리치는 행동은 다른 사람도 불안하게 만들어"
"화난다고 다 표현하는 사람이 어딨어! 참을 줄도 알아야지"

결국 감정을 표현하는 방식에 대한 잔소리로 끝난 나의 말은 준호에게 전혀 도움이 되지 않았다. 또 어떨 때는 분명 화가 나고, 억울한 상황인데 꾹 참고만 있기도 하다. 감정을 너무 참고만 있으면 병이 될까, 표현하지 않으면 친구들과 관계는 괜찮을까 걱정이 되어 한마디 한다.

"기분이 나쁘거나 화가 날 때 무조건 참기만 하는 건 좋지 않아. 감정은 표현해야 해"

"어쩌라는 거야! 어떨 때는 참으라 그러고, 어떨 때는 표현하라 그러고!!!"

가뜩이나 정체성 혼란을 겪고 있는 사춘기 자녀는 이래저래 혼란만 가중된다. 그래, 이해한다. 사십 년을 넘게 살아온 엄마인 나도 어렵다.

감정은 표현하지 않으면 누구도 알아줄 수가 없다. 특히 부정 감정은 꺼내기 어려워하기 때문에 더 표현할 수 있도록 해야 한다. 자녀가 부정 감정을 표현하지 않는다면 이전에 자녀의 부정 감정에 대해 부정적으로 말하거나 부정한 적은 없는지 돌이켜봐야 한다. "좀 참을 줄도 알아야지", "누구나 힘든 거야", "그깟 일로 운 게 자랑이다"처럼 무심코 던진 말을 통해 자녀는 부정 감정을 표현하면 안 된다고 인식했을 수 있다. 부정 감정은 누구나 느끼는 일상적인 것임을 자녀에게 알려줘야 한다. 부정 감정을 느끼는 것이 나쁜 것이라는 생각을 하게 되면 감정 자체를 부정하게 된다. 그러면 자기 마음 상태를 정확히 알 수 없어 다른 부작용이 생길 수 있다. 부정 감정은 당연하며 일상에서 긍정적으로 변화시키면 된다는 것을 알게 해주면 된다.

"엄마는 오늘 회사 일이 많아서 너무 힘들었어. 쉬는 시간도 없이 일해서 짜증도 나더라. 그렇지만 그동안 밀렸던 일을 다 처리할 수 있어서 기분이 좋기도 했어."라고 긍정적인 방향으로 감정을 전환 시키는 것이다.

자녀가 자기감정을 표현했을 때 "왜?"라고 물으면 자녀는 혼란스러워진다. 자기감정의 이유를 부모에게 설명하고 설득해야 하기 때문이다. 그러면 감정 표현을 하지 않게 된다. 자기도 자기감정이 왜 그런지 모르는 사춘기 아이들이 대답할 수 없으니 입을 다물게 되는 것이다. 특히 부정 감정에 대해서는 절대 "왜"라는 말을 삼가야 한다. 우선 공감해주고 감정을 들여봐 주자.

감정은 눈으로 볼 수도 없고, 손으로 만져지지도 않는다. 형체가 없어서 무시되기 쉽지만, 사람이 살아가는 데 중요한 것 중 하나이다. 그래서 더 조심히 다뤄야 하고, 민감하게 반응해야 한다. 자녀가 감정을 말하는데 부모는 생각만 말하면 자녀는 자기감정이 중요하지 않다고 여기고 타인의 감정도 중요하게 생각하지 않는다. 감정조절의 필요성도 느끼지 못하게 된다. 자기감정의 종류와 상관없이 어떤 감정인지 인식하고 다른 사람들이 수용할 만한 방식으로 표현하는 것, 부정 감정을 스스로 해소해 내는 것이 감정조절력이다. 자녀의 감정조절력을 높이기 위해서는 감정의 이유를 묻지 말고 자녀의 현재 감정, 마음에 공감한다면 자녀와 소통은 어렵지 않다.

 자녀에게 알려주면 좋은 감정 유형에 따른 감정 단어

감정 유형	감정 단어
즐거움/기쁨	기쁘다, 행복하다, 희열, 환희, 흐뭇하다, 만족하다, 유쾌하다, 즐겁다, 설렌다, 기대된다, 희망, 다행이다, 홀가분하다, 뿌듯하다, 감동이다, 편안하다, 평화롭다, 신난다, 들뜬다, 황홀하다, 기분 좋다, 자랑스럽다, 후련하다, 감미롭다, 짜릿하다, 푸근하다, 아늑하다, 반갑다, 산뜻하다, 상큼하다, 벅차다, 상쾌하다, 시원하다, 살맛 난다, 신바람난다, 흥분된다, 느긋하다, 끝내준다, 날아 갈 듯하다, 화사하다
슬픔	슬프다, 서운하다, 상실감, 우울하다, 비애, 허탈하다, 절망스럽다, 외롭다, 공허하다, 애도, 낙담, 고독, 눈물, 애통하다, 비통하다, 쓸쓸하다, 처량하다, 애처롭다, 고독하다, 허전하다, 불행하다, 서럽다, 비참하다, 불쌍하다, 측은하다, 처참하다, 비탄스럽다, 암담하다, 절망스럽다, 침통하다, 안쓰럽다, 비관스럽다, 혼란스럽다, 괴롭다, 걱정스럽다, 근심스럽다, 버겁다, 착찹하다, 울적하다, 심란하다, 속상하다, 애잔하다, 염려스럽다, 답답하다, 서글프다, 가슴아프다, 야속하다, 애석하다, 안타깝다, 허무하다, 뭉클하다, 눈물겹다, 애끓는다, 울고 싶다, 북받친다, 쓸쓸하다, 주눅 든다, 낙심된다, 맥빠지다, 풀이 죽는다, 짓눌리는 듯하다, 마음이 무겁다
분노	화나다, 분노, 짜증 난다, 격분하다, 격노하다, 원망스럽다, 억울하다, 분개하다, 성나다, 적개심, 신경질 난다, 증오스럽다, 적의, 혐오스럽다, 역겹다, 모멸감이 든다, 울분, 비난, 싫증 난다, 경멸스럽다, 분통 터지다, 짜증난다, 모욕적이다, 얄밉다, 화나다, 열받는다, 못마땅하다, 불쾌하다, 불만스럽다, 불편하다, 지루하다, 찝찝하다, 떨떠름하다, 언짢다, 괘씸하다, 성질난다, 약 오른다, 속상하다, 원망스럽다, 끔찍한 기분이 든다, 넌더리난다, 혐오스럽다, 꼴보기 싫다, 실망스럽다

두려움/ 불안	공포스럽다, 불안하다, 당혹스럽다, 염려된다, 걱정된다, 안절부절하다, 불확실하다, 망설이다, 위축된다, 무섭다, 겁이 난다, 불편하다, 혼란스럽다, 주저하다, 조마조마하다, 두렵다, 긴장되다, 초조하다, 주눅들다, 떨리다, 무시무시하다, 섬찟하다, 절망적이다, 조바심 나다, 어이없다, 걱정스럽다, 어리둥절하다, 놀랍다, 멍하다, 막막하다, 답답하다, 섬뜩하다, 난처하다, 위태위태하다, 전전긍긍한다, 살벌하다, 조바심을 태운다
사랑/ 호의	사랑, 애정, 다정하다, 자애롭다, 존경하다, 호감을 갖다, 친근하다, 신뢰하다, 감사하다, 배려, 소중하다, 귀엽다, 애착, 우정, 그립다, 애틋하다, 헌신하다, 열망하다, 경외심을 갖다
놀람/ 충격	놀라다, 충격적이다, 경악스럽다, 경이롭다, 감탄하다, 기함하다, 당황하다, 얼떨떨하다, 멍하다, 긴장하다, 어리둥절하다, 얼음이 되다, 기겁하다, 황당하다, 혼비백산하다, 벙찌다, 소스라치다, 무방비 상태다, 두근거린다, 기가 막히다, 정신이 번쩍 든다, 충격적이다

6

가치관 형성 대화법

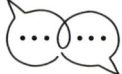

　'콩콩팥팥'이라는 말이 있다. '콩 심은 데 콩 나고, 팥 심은 데 팥 난다'라는 말의 줄임말이다. 모든 일은 원인에 따라 결과가 나타난다는 뜻이다. 요즘에는 부모 자녀 간의 닮은 모습을 '콩콩 팥팥'으로 비유하기도 한다. 부모의 성향, 가르침에 따라 자녀도 부모와 유사한 모습으로 자라기 때문이다. 자식을 키우려면 많은 시간과 정성을 쏟아야 한다. 그래서 자식 키우는 것을 '자식 농사'라고도 한다. 농사를 지으려면 봄에 씨앗을 뿌리고 여름에 는 작물이 왕성히 자라도록 물과 해충 관리를 하며 가을이 되면 자라난 작물을 수확한다. 농사는 사계절 내내 이루어진다. 해는 잘 드는지, 물이 부족하지는 않은지, 해충이 갉아 먹지는 않는지 수시로 살피고 부족한 걸 채워줘야 한다. 농작물도 관심을 두고,

말을 걸어주면 더 잘 자라듯이 자식 농사도 마찬가지다.

가치 형성 대화

자녀가 건강한 사회인으로 살아가기 위해서는 건강한 가치관을 갖는 게 중요하다. 가치관은 어떤 행위가 옳은지 그른지 판단하는 개인의 주관적인 기준이다. 개인의 주관적인 기준이지만 현실적이고, 사회에 도움이 되며 스스로 통제할 수 있는 건강한 가치관을 갖는 것이 필요하다. 건강한 가치관은 어떻게 형성될까? 사춘기가 자기만의 가치관이 형성되는 중요한 시기라고 하지만 가치관은 어렸을 때부터 형성되기 시작한다. 부모의 양육 행동, 가족의 문화적 · 사회적 배경은 자녀의 가치관 형성에 영향을 미친다. 부모가 직접 자녀를 교육하거나 자녀들이 부모의 행동을 모델링하며 간접 영향을 받고 부모가 제공하는 생활 환경이 영향을 주기도 한다.

영화 '기생충' 등장인물 중 가난한 삶을 사는 기우의 부모는 생존과 실용성을 중요하게 생각하는데 기우 또한 윤리적 기준보다 생존을 우선하는 모습을 보인다. 박사장 부부는 부와 사회적 지위를 중시하는데, 그들의 자녀들 또한 계급의식이 있고, 가난한 사람에 대한 차별의식을 보인다. 부모의 가치관과 사회경제적 지위가 자녀의 가치관과 행동에 어떻게 영향을 미치는지 잘 보여주는 영화이다. 이렇듯 부모의 생각, 생활방식, 행동은 자녀에게 큰 영향을 미치기 때문에 부모의 역할이 중요하다.

가치관은 사람마다 다르며, 다양하다. 길가에서 흔히 볼 수 있는 잡초도 생김새가 같은 게 하나 없다. 사람도 똑같이 생긴 사람이 없다. 쌍둥이도 완전히 같은 외모가 아닌 매우 유사한 외모를 갖고 있다. 하물며 사람의 생각이 같을 수 있겠는가. 사람마다 중요하게 생각하는 가치는 다르며 이를 존중해 주어야 한다는 걸 자녀에게 가르쳐야 한다. 자신과 다른 가치관을 가진 사람을 비하하는 것도 조심하자. 다양성을 인정하지 못하는 것은 결국 비하하는 사람의 시야가 좁다는 것을 보여주는 행동밖에 되지 않는다. 다양한 분야의 지식습득과 경험은 바람직한 가치관을 정립하는 데 도움이 되며, 풍부한 상식과 교양은 의사소통을 원활하게 한다. 자녀가 성취만을 중요하게 생각하기보다 배우며 즐기는 경험을 통해 자신만의 삶의 가치를 발견할 수 있도록 도와야 한다.

자녀의 가치관을 넓히기 위해서는 어떻게 해야 할까? 첫째, 차이를 존중하는 법을 가르쳐야 한다. 나와 다른 사람의 차이, 문화의 차이 등을 경험할 수 있게 해야 한다. 여행을 통해 다른 풍속을 경험할 기회를 주고 그들을 이해할 수 있도록 하면 좋다. 틀림이 아닌 다름을 알게 하고 이를 인정할 수 있어야 한다. 둘째, 모든 것을 알지 못한다는 것을 인정할 수 있어야 한다. 사람은 누구나 한계가 있다. 세상의 모든 지식과 경험을 가질 수 없으므로 자기 한계를 깨닫고 인정하는 것이 중요하다. 자기 경험만으로 추측하고 단정을 짓지 않도록 가르쳐야 한다.

살아가면서 중요하게 생각하는 원칙이 있는가? 예를 들면 집안일은 가족들이 나눠서 한다든가, 절대 거짓말은 하지 않는다든가, 종교활동은 게을리하면 안 된다든가 같은 내 삶의 기준이 되는 원칙 말이다. 그러한 원칙은 가치관에서 출발한다. 한 집에 사는 가족들이 집안일을 나눠서 하는 것은 누군가만 희생해서는 안 된다는 가치관에서 세워진 원칙일 수 있다. 거짓말을 하지 않는다는 것은 정직함을 중요하게 생각하는 가치관, 성실하게 종교활동을 하는 것은 신에 대한 믿음에서 출발하는 것이다. 세상을 살아가는 데 필요한 행동을 결정짓는 것은 결국 가치관이다. 그렇다면, 내 자녀에게 중요하게 전하고 싶은 가치관이 있는가? 이는 매우 중요한 문제다.

언제 어떤 풍랑이 불지 모르는 세상이라는 바다를 헤쳐 나가기 위해서는 자신만의 가치관이 확고해야 한다. 부모는 자녀에게 꼭 가르쳐야 하는 원칙과 가치관을 인식하고 있어야 하며 대화로 인지시켜야 한다. 가치관이 세워져 있지 않으면 작은 바람에도 흔들리고, 인생의 방향키를 제대로 잡지 못하게 되며 목표를 잃게 된다. 하버드 대학교 경영대학원 총장을 역임한 경영학 교수 킴 B.클라크의 어머니는 "네가 옳거나 그르다고 생각하는 것에서는 절대 물러서면 안 돼. 누구도 널 함부로 대하도록 허용해서는 안 된다."라고 말했다. 자신이 소중한 존재라는 가치관을 갖게 교육한 것이다. 세계에서 명성을 떨치고 있는 유대인들의 교육 원칙도 같다. 올바른 교육은 바른 인성을 기르는 것이기 때문에 속도보다 방향을, 양보다는 질을 중요하게 자녀를 교육한다.

우리는 엘리베이터에서 이웃 어른을 마주치면 아이들에게 "어른을 보면 인사해야지"라고 가르친다. 어렸을 때는 한, 두 번 인사하던 아이들은 커가며 슬쩍 인사를 생략한다. 부모가 시켜서 했기 때문이다. 아이들에게 꼭 해야 하는 행동으로, 가치로 새겨지지 않았기 때문이다. "사람은 누구나 다른 사람들과 관계를 맺고 살아가야 해. 인사는 그 관계의 시작이야. 인사를 통해 다른 사람들과 소통을 시작할 수 있어. 인사는 상대방을 귀한 존재로 인정하고, 존중한다는 의미를 담아야 해"라고 인사의 의미를 설명하고 가치로 이해하게 한다면 부모가 옆에 없더라도, 성인이 되더라도 스스로 지켜나가는 원칙이 된다.

"준호야, 너는 장래 희망이 뭐야?"

"응, 놀고먹는 사람"

"아…. 그렇구나, 근데 놀고먹으려면 돈이 있어야 하는데, 그 돈은 어떻게 벌 거야?"

"건물주가 되면 되지!"

"그럼, 건물을 사야 하잖아. 그 돈은?"

"건물 사는 데 돈이 많이 필요하지? 그럼 그냥 회사원 할래"

뭔가 거창한 대답을 바란 건 아니었다. 어린이집에 다닐 무렵 준호의 꿈은 '케첩'이 되는 거였으니까. 뭔가 사람으로서 할 일을 생각하는 것만도 기특하다고 생각해야 하나 내적 갈등이 쓰나미쳐 왔다. 생각해 보니, 준호에게 직업의 의미, 가치를 알려준 적이 없었다. 다른 아이들은 몇 번씩 간다는 직업 체험도 한 번 데려간 적이 없다. 미래를 꿈꾸는 건 현재를 살아갈 힘을 준다. 더 나은 미래를 상상하며 즐거워지고, 그렇게 되기 위해 눈앞의 고난을 이겨낼 힘을 내게 한다. 자기를 확신하지 못하고, 모든 것이 의문투성이인 사춘기에는 더 미래에 대한 꿈이 필요하다.

부모는 자녀 스스로 꿈의 크기를 만들어 가도록 도와야 한다. 그러나 많은 부모가 자녀의 꿈을 경제적 기준, 사회적 지위, 평판 등을 기준 삼아 평가한다. 자녀가 행복해지기 위해 꿈을 꾸기 시작했다면 꿈을 재단하고 평가하지 말자.

"꿈은 거창하고 대단할 필요는 없어. 네가 즐겁고, 하고 싶은 일이면 충분해. 너의 미래를 꿈꾸며 네가 중요하게 생각하는 가치가 더 중요하단다." 꿈을 통해 이루고자 하는 가치, 꿈을 실현하며 지켜내고자 하는 가치가 무엇인지 고민하게 하는 것이 부모가 해야 할 일이다. 자아정체성의 혼란을 겪는 사춘기에는 특히 가치관 정립이 중요하다. 사춘기 딸 둘이 있는 어떤 가정에서는 자녀들에게 공부하라는 말을 하지 않는다. 스스로 필요하면 할 것이라고 자녀들을 믿고 기다려 주는 것이다. 그 얘기를 듣고 애들이 공부를 잘하지 못해 대학도 못 가면 어떡하냐고 걱정스러운 말을 건넸다. 그 아이들의 엄마는 "그건 자기 몫이다. 공부가 하고 싶으면 할거고, 다른 게 하고 싶으면 찾아갈 거다"라고 했다. 애들을 너무 내버려 두는 게 아닌지 내심 걱정이 됐는데, 지금 그 아이들은 각자 베이커리, 미술 쪽에 관심을 두고 재능을 드러내며 자기 미래를 스스로 개척해 가고 있다. 부모가 자녀 스스로 꿈을 꾸고 만들어 가도록 어렸을 때부터 가치관을 심어주고 기회를 열어준 결과이다.

자녀가 살아가는 데 이정표가 되어줄 가치관을 전부 부모가 심어줄 수는 없다. 물론 꼭 필요한 가치관은 부모의 말과 행동으로 본보기를 보일 테지만, 자녀가 스스로 생각하고 자기 것으로 만들어 나가야 진정한 가치관이 된다. 심리학자 아들러는 뚜렷한 목표를 세우고 그 목표를 달성할 수 있게 끊임없이 아이를 지원하라고 했다. 아들러는 '행동은 신념에서 나온다'고 생각했다. 자녀가 행동할 수 있는 신념, 즉 가치관을 갖고 목적을 갖게 해야 한다. 자녀가 하고 싶은 일이 있다고 하면 방향성을 같이 논의할 수는 있지만 정해주지는 말자. 그 일이 왜 하고 싶은지, 그걸 하기 위해 어떤 계획을 갖고 있는지 묻고 스스로 계획을 세울 수 있게 하면 된다.

PART 4

대화,
이렇게만 하면
성공한다

1

말이 통하지 않을 때 대화법

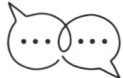

사춘기 자녀의 떼쓰기

"엄마, 자기 전에 게임 30분만 해줘"

"안돼. 약속 안 지켰잖아. 네 할 일 다 안 했으니까 게임 해줄 수 없어"

"엄마, 엄마 그럼, 들어봐. 내가 스케줄을 짰어. 지금은 피곤하니까 게임을 먼저 하면서 좀 쉬고, 바로 숙제하는 거야. 숙제를 끝내고 나서 씻고, 밥을 먹고, 책을 읽는 거지"

"안돼. 지금 시간이 10시가 다 되어가는데 그걸 언제 다할 수 있겠어? 숙제하고 자자"

"아니, 들어보라니까. 내가 언제 안 한다고 그랬어. 다 한다니까? 순서를 좀 바꾸는 거지"

"안된다니까"

"아, 진짜! 엄마는 말이 안 통해!"

"너는 뭐 말이 통하는 줄 아냐? 어휴 답답해 진짜"

결국 말싸움으로 이어졌다. 오늘 꼭 해야 하는 숙제를 끝내고 게임을 하기로 했는데 이리저리 핑계만 대더니 결국 밤이 됐다. 숙제를 마치게 하려는 엄마의 의지와 상관없이 자기가 하고 싶은 게임을 하기 위해 떼를 쓰는 것이다. 떼쓰기는 어린아이들만의 전유물이 아니다. 사춘기에 접어들면 자기 주관이 생기고, 자기 생각이 다 맞는 것처럼 느낀다. 짧게 경험한 사회에서 배운 것을 적극 활용해 어쭙잖은 논리를 들이대며 원하는 것을 쟁취하기 위해 투쟁한다.

떼쓰기는 원하는 것을 얻기 위한 목적이 있다. 목적은 같지만, 사춘기의 떼쓰기는 유아기의 떼쓰기보다 다루기가 어렵다. 어렸을 때는 상황과 관계없이 우기고, 떼를 쓰면 원하는 것을 얻을 수 있다고 생각한다. 아이가 왜 떼를 쓰는지 상황을 파악하고, 들어줄 수 없는 이유를 설명하며 교육하면 떼쓰기는 줄어든다. 하지만 사춘기 때는 이미 부모의 반응까지 예상하고 떼쓰기 시작하기 때문에 조금 더 고도화된 전략이 필요하다.

자녀가 원하는 걸 요구해 올 때 먼저 상황을 정확히 파악해야 한다. 배경을 이해해야 들어줄지 말지 정할 수 있다. 또한, 자녀가 현재 어떤 환경에 있는지, 어떤 생각과 마음 상태인지도 파악해 볼 수 있는 좋은 기회이다. 입을 꾹 닫고 있을 가능성이 크지만 지금 요구하는 것의 필요성과 원인이 자신에게 얼마나 절실한 것인지 말로 표현하게 하는 것이 중요하다. 어렸을 때부터 연습이 되었다면 좋겠지만 지금도 늦지 않았다. 자기 욕구와 마음을 말로 표현하지 못하면 떼쓰기 전략을 선택할 것이다.

준호는 원하는 걸 얻어내기 위해서는 매우 집요한 모습을 보인다. 주말이 되면 새벽 6시부터 눈을 떠 게임을 하게 해달라고 요청한다. 평일에는 학교 갈 시간이 다 되어서야 간신히 일어나면서 알람도 없이 벌떡 일어나는 모습이 괘씸하기도 하고, 새벽부터 게임을 허락하는 건 교육상 좋지 않아 허락해 주지 않는다. 준호는 주말마다 매번 눈을 뜨면 안방으로 달려와 "엄마, 게임 풀어줘"라고 한다.

"안돼. 너무 일러. 숙제 끝내고 하자."
"일찍 하고, 공부하려고 한단 말이야."
"안돼. 엄마는 주말에 늦잠을 자고 싶은데 네가 자꾸 깨우니 너무 피곤해. 아침 8시 전에는 깨우지 말아줘"
"알았어. 안 깨울 테니까 게임 풀어줘."
"안돼"

이런 대치가 몇 년째 이어졌다. 최근에는 잠을 깨우는 게 너무 화가 나서 큰소리를 냈다. 그 뒤에는 직접 깨우지는 않는다. 자고 있더라도 인기척이 느껴질 때가 있지 않은가? 밤새 느꼈던 공기의 흐름이 어느 순간 바뀌는 때가 있다. 슬쩍 눈을 뜨면 침대 옆에 가만히 서서 콧바람을 내며 나를 쳐다보고 있는 준호가 서 있다. 눈이 마주치면 씨익 웃으며 말한다.

"엄마, 깼어? 일찍 깼네. 게임 풀어줘"

하아... 무슨 공포영화도 아니고, 잠이 문제가 아니라 심장이 떨어질 지경이다. 황금 같은 주말 늦잠을 지키기 위해 꼭두새벽부터 게임을 하겠다고 떼를 쓰는 사춘기 아들의 상황이 뭔지 궁금해졌다. 알고 보니 동네 친구 중 함께 게임을 하는 친구들이 이른 아침부터 게임을 하는데, 한시라도 빨리 같이 게임을 하고 싶었던 준호의 마음이 꿀맛 같은 내 늦잠을 방해한 이유였다.

상황을 파악했으니, 요구를 들어줄 것인지 말 것인지 결정할 타이밍이다. 친구들과 함께하고 싶은 것은 이른 아침부터 게임을 할 이유가 되지 않는다. 결정했으면 요구를 들어줄 수 없는 이유를 설명하여야 한다. 두 번째 떼쓰기 대처 방법이다. 앞뒤 설명 없이 "안 돼"라고 거절하면 사춘기 아들의 마음에 금이 갈 것이다. 물론 친절하고, 상세한 설명을 수십 번 해도 못 알아들을 가능성이 크다. 그래도 사춘기 자녀의 마음에 금이 가서 깨지고, 깨진 조각에 서로 다치는 것보다는 같은 말을 반복하는 것이 낫다. 왜 안 되는지, 안 되는 이유를 매우 섬세하고 감수성이 풍부한 사춘기 자녀의 관점에서 이해할 수 있게끔 설명해야 한다. 이유를 설명하지 않고 무조건 거절하면 대화는 이어지기 어렵다.

자녀가 이해하지 못했거나 마음으로 수용하지 못했더라도 계속 그 상황에 머물러 있을 수는 없다. 계속 머무르는 순간 약해지는 게 부모다. 세 번째 단계는 자녀가 자기 요구를 단념하고 무리하게 요구하지 않도록 대안을 세우는 것이다. 자녀도 받아들일 수 있는 절충안을 찾는 것이다. 이른 새벽에 게임을 하는 건 허락할 수 없고, 꿀 같은 늦잠을 방해받고 싶지도 않은 나의 욕구와 친구들과 빨리 게임을 하고 싶은 준호의 욕구를 절충해서 대안을 찾았다. 주말 아침 8시부터는 게임을 할 수 있으나, 2시간만 가능하며 숙제를 완료하고 나면 추가로 게임을 즐기는 것으로 합의했다. 물론 약속했다고 바로 칼같이 지켜지지는 않는다. 여전히 8시가 되지 않았는데도 침대 옆에 와서 가만히 서 있거나, 슬쩍 다리를 주무르며 "엄마, 8시 되려면 얼마 남지 않았는데 그냥 해줘"라며 슬쩍 미소를 짓는다. 무뚝뚝한 사춘기 아들의 애교 섞인 떼쓰기는 치명적이다. 당장 해주고 싶은 마음이 불쑥 솟아오르지만 그럼에도 넘어가면 안 된다. "우리 약속은 8시부터이니 시간을 지키자."라고 원칙을 반복해서 전달해야 한다. 이 과정이 쉽지는 않지만, 반복하다 보면 변하고 기적처럼 약속을 지키는 순간이 찾아온다. 자녀가 약속을 잘 지켜내면 바로 따뜻한 말을 건네야 한다. "약속을 잘 지켜줘서 고마워. 넌 스스로 참을 수 있는 아이야. 잘했어"와 같은 말을 건네는 것이다. 가끔 이런 대화가 통하지 않을 때도 있다. 대화 자체를 거부하거나 감정적 충돌이 일어날 때가 있지만 그럴 때도 부모와 대화를 통해 해결 방안을 찾아야 함을 주지시켜야 한다. 그렇지 않으면 평생 당신의 자녀는 마트에서 드러누워 원하는 장난감을 사달라고 떼쓰는 행동을 멈추지 않을 것이다.

자녀가 떼쓰는 이유는 원하는 것을 얻지 못한 불편함과 꼭 쟁취하고 싶은 마음이 뒤섞여서이다. 십 대가 되었다고는 하지만, 더 큰 감정의 소용돌이 속에 있는 사춘기 자녀의 감정을 잘 읽어주고 온전히 수용해 줘야 한다. 그것만으로도 자녀의 마음은 편안해지고 부모의 말을 들을 준비가 된다. 자녀가 떼쓰기를 멈추고 자기 얘기를 시작하면 집중해서 들어야 한다. 자녀의 요구가 타당하다면 들어주되, 떼를 써서 들어주는 것이 아님을 분명히 알려줘야 한다.

분노를 부르는 사춘기 분노

어떤 대학 교수는 분노가 건강함의 척도가 될 수 있다고 했다. 그렇다면 나는 이 세상에서 둘째가라면 서러울 정도로 건강할 것이다. 매일도 아니고 하루에 열두 번도 더 분노에 휩싸여 있으니 말이다. 분노하고 있다는 걸 알아차리지도 못할 만큼 순식간에 타오르는 활화산 같은 마음은 아들의 일그러진 표정과 눈물을 참느라 벌게진 눈을 마주해야 인지할 수 있을 정도다. 어느 때는 남편이 그만하라고 눈짓하거나 말리는 때도 있다. 처음에는 신호가 있으면 재빨리 알아채고 가라앉히려고 노력했다. 사춘기에 들어선 아들과 마주하다 보면 그 마음조차 들지 않는다. 활활 타오르다 뾰족해진 온갖 감정이 날카로운 말로 기어코 상처를 내겠다는 생각으로 가득 찬다. 네가 상처받는 모습을 봐야 내가 멈출 수 있다. 이 위험한 마음이 서로의 마음에 깊은 상처를 내고야 만다.

자녀의 분노와 맞닥뜨리면 함께 분노하기 일쑤다. 분노에 분노가 얹어지면 걷잡을 수 없게 된다. 특히 사춘기 자녀의 분노는 앞, 뒤 가리지 않기 때문에 잘 다뤄야 한다. 그러기 위해 부모의 분노를 먼저 다스려야 한다. 자녀와 전쟁터에 있다는 걸 알아차리면 우선 멈추어야 한다. 터져 나오는 말, 분노가 가득 담긴 눈빛, 화가 난 마음 모든 걸 멈추는 것이다. 지금 멈춰야 나중에 후회할 일이 생기지 않는다. 그리고 나서는 평상시의 평온함을 찾기 위한 일을 해야 한다. 심호흡하거나, 좋아하는 음악을 듣거나, 나가서 걸어라. 내가 아는 사춘기 아들을 둔 엄마는 하루에 만 보를 넘게 걷는다. 어쩌면 사춘기 아들은 엄마 건강 챙겨주려고 혼신의 발악을 하는 건지도 모르겠다. 어쨌든 평온함을 찾았다면 왜 화가 났는지 화의 근원을 생각해 봐야 한다. 사람은 자기 욕구가 충족되지 않을 때 분노를 느낄 수 있다. 사춘기 자녀의 이해할 수 없는 행동은 부모가 분노를 느끼는 자극이 될 수는 있으나 원인은 아니다.

해야 할 숙제가 쌓여있는데 "조금만 더 있다가 할게", "잠깐만 쉬었다가 할게."라며 계속 미루다 결국 엄마의 불호령에 자리에 앉아 책을 있는 힘껏 넘겨대며 씩씩대는 중학생 아들을 보고 있으면 마른 장작처럼 분노가 화르르 타오른다. 이때 '숙제만 하라고 하면 성질을 내는 너 때문에 화가 나'라는 생각에서 벗어나서 그 상황이 왜 화가 나는지 생각해 보자. 부모의 욕구는 '노는 것보다 숙제를 집중해서 하기를 바라는 것'이다. 자녀에게서 분노의 원인을 찾기 시작하면 끝도 없다. "너 때문에", "네가 이렇게 해서", "네가 이러니까"처럼 자녀에게 원인을 넘기게 되고 자녀는 죄책감을 느끼게 된다. 분노를 건강하게 표현하기 위해서는 자녀를 탓하기 전에 부모 자신의 욕구를 인식하는 게 중요하다. 비폭력 대화에서는 분노를 표현할 때 '나는 그 사람들이 ~ 했기 때문에 화가 난다'를 '나는 ~이 필요/중요하기 때문에 화가 난다'로 의식적으로 바꾸는 것을 권유한다. 분노의 원인이 타인이 아니라 상대방에 관한 생각과 그의 행동에 대한 자신의 해석이기 때문이다.

부모의 분노를 인식하고 다룰 수 있게 되었다면 사춘기 자녀의 분노도 자신 있게 마주하면 된다. 겉으로 드러나는 자녀의 분노 속에 숨어 있는 욕구를 찾아보는 것이다. 숙제하라고 했더니 책을 거칠게 넘기고, 씩씩거리는 중학생 남자아이의 숨겨진 욕구는 무엇일까? '숙제는 나중에 하고, 친구들과 게임을 하고 싶다'다. 지금 친구들이 온라인에서 게임을 하고 있는데 자기 혼자 숙제해야 하는 상황이 욕구의 미충족으로 이어져 분노로 표현된 것이다. 부모의 '학생이 해야 할 일은 공부이고 게임보다 중요하기 때문에 내 아들이 게임을 멈추고 숙제했으면 좋겠다'라는 욕구와 아들의 욕구가 충돌한 것이다. 그렇다면 부모는 당장 마주한 자녀의 분노를 어떻게 대해야 할까? "자녀의 욕구를 알고 싶어하는 마음과 공감"이다. 자녀가 왜 그렇게 행동했는지 이유를 물어보고 말로 표현할 수 있게 하고 공감해 주는 것이다. 부모가 숙제하라고 강요하기만 했을 때보다 자녀는 자기 느낌과 생각을 평온하게 말할 수 있게 된다. 이런 경험이 쌓이면 자녀도 부모의 말을 듣고 공감하게 된다.

자녀의 분노는 부모가 '당연히 해야 하는 것', '원래 그런 것'이라고 규정짓고 그에 적합하지 않은 행동을 할 때 비난하거나 잘못을 꼬집을 때 나타날 때가 많다. 사춘기라 화가 많고, 감정조절이 안 되고, 말이 안 통한다고 생각하지 말고 '저 아이에게 내가 원하는 게 무엇일까? 무엇이 충족되지 않고 있는 것일까?'를 생각해 보자. 반복하다 보면 자녀를 비난하기 전에 부모의 충족되지 못한 욕구를 인식하고 그 문제를 해결하기 위한 방법을 찾을 수 있게 된다. 그러면 자녀에게 분노할 일도 줄어들고, 자녀 또한 한결 누그러진 태도를 보일 것이다. 사춘기 자녀의 분노에 분노로 맞서서는 절대 대화가 될 수 없다.

감정조절이 안 되는 상태라면 평온함을 찾을 때까지 자녀와 대화하지 않는 게 낫다. 어설프게 대화로 풀어보려다가 더 큰 전쟁을 치르게 될 수도 있다. 부모도, 자녀도 침착해지고 객관적으로 상황을 이해할 수 있을 때를 기다리자. 단, 조심해야 할 것은 갈등 상황을 만들지 않기 위해 해결하지 않고 은근슬쩍 넘어가는 것이다. 갈등의 원인을 해결하지 못한 채 넘어가면 유사한 상황이 또 발생할 것이고 그때는 더 큰 갈등으로 번질 것이다. 불편한 이야기를 꺼냈다가 자녀와 사이가 더 멀어질까 봐 피하지 말고 자녀의 욕구에 초점을 맞춰 공감하는 태도로 대화하자.

여러 가지 지식과 경험이 쌓이며 꼭 어른이 된 듯한 기분을 느끼고 있는 사춘기 자녀는 자기 논리에 취해있는 시기이다. 부모에게도 논리적으로 대응할 수 있고 그게 먹힐 때도 있다. 그 논리가 깨지는 순간 사춘기 자녀는 분노에 휩싸인다. 자기 논리로 부모를 설득하지 못하고 인정받지 못해 욕구가 충족되지 않았기 때문이다. 이때 분노는 부모에게 자신을 지키는 수단으로 활용된다. 부모가 자기를 만만하게 보지 못하게 하기 위한 수단이 되는 것이다. 이때 부모가 같이 흥분하지 말고 "어떤 생각인지 말해줄래?", "네가 하고 싶은 말이 어떤 건지 궁금해", "네 생각을 존중하고 있어"와 같은 말로 자녀의 자존감을 지켜줄 필요가 있다. 자기가 안전하다고 느끼면 무기로 사용하던 분노를 내려놓을 것이고, 무기가 사라진 자녀의 손을 따뜻하게 잡아주면 된다. 다른 말은 필요하지 않다. 단, 분노를 표현할 때 물건을 던지거나 과격한 행동을 한다면 단호하게 통제해야 한다. 자기 자신뿐만 아니라 타인에게까지 해를 끼칠 수 있는 행동은 명확하고 단호하게 통제해야 한다.

사춘기에 접어들면 감정이 들쑥날쑥하고 시시때때로 변하며 아주 사소한 일에도 예민하게 군다. '사춘기니, 이해해야지' 하면서도 그 모습을 보고 있으면 복장이 터질 때가 많다. 결국 한마디 하게 되고 그 한마디는 사춘기의 분노로 불을 뿜으며 되돌아온다. 자녀의 행동이 못마땅한 것은 결국 부모의 성에 차지 않거나, 부모가 기대하는 수준에 미치지 못해서이다. 결국 부모의 욕구이다. 자녀는 부모 자신이 아니며 아직 성장하는 중이다. 자기가 되고 싶은 모습이 있고, 자신을 스스로 만들어 가는 중이다. 부모의 욕구가 채워지지 않아 자녀에게 성난 태도를 보인다면 자녀도 똑같이 행동한다. 부모의 어떤 말도 들으려고 하지 않을 거고 분노를 참지도 않을 것이다. 사춘기의 분노는 자기를 지키기 위한 방패이기도 하다. 자기 논리가 깨졌을 때 안전하다고 느끼지 못하면 분노로 자기를 지키려는 것이다. 그 방패마저 빼앗아 버리면 아이는 설 곳이 없어진다. 분노를 방패로 삼기 전에 자녀의 마음을 들어주고 말을 걸어주자.

2

스스로 생각하게
하는 대화법

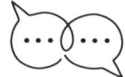

생각의 주도권, 질문

사춘기는 전두엽이 완전히 발달하지 않아 깊이 있는 사고를 잘하지 못한다. 또한, 자아정체성을 형성하고 있는 과정이어서 외부의 가치나 유행에 민감하며 쉽게 영향을 받는다. 또래관계가 중요한 시기이다 보니 또래의 생각을 따라가며 자기 생각을 억누르는 경향도 있다. 일시적으로 겪는 것이라면 문제가 되지 않지만, 사춘기의 경험이 굳어지면 성인이 되어서도 타인의 눈치를 살피고, 자기 욕구는 실현하지 못하며 의존적인 삶을 살게 될 수도 있다. 사춘기 자녀에게는 비판적 사고를 기르고 자기 생각을 외부로 표현할 수 있도록 스스로 생각하는 기회를 제공해야 한다.

스스로 생각하게 하는 가장 좋은 대화법은 질문이다. 질문은 자녀에게 대화의 주도권을 갖게 한다. 자기 주도성이 생기는 사춘기에는 특히 대화의 주도권이 중요하다. 사춘기 시기는 그동안의 교육과 경험을 통해 알게 된 정보가 집약되며 자기만의 가치관이 자리를 잡기 때문에 부모의 일방적인 대화방식은 통하지 않는다. 질문은 대화의 주도권이 있다고 느끼게 하고 자기 생각을 표현할 수 있으므로 입 한번 열지 않는 사춘기 자녀와의 대화에 매우 유용하다. 물론 주도권을 얻었다고 자녀가 모든 걸 뜻대로 해도 된다는 건 아니다. 주도권은 주되, 자녀가 올바른 방향으로 생각하고 결정할 수 있도록 질문을 통해 방향을 이끌어가야 한다.

부모로서는 질문하는 것을 주도권을 뺏기는 것으로 생각할 수도 있다. 뺏기는 게 맞다. 다만 어떤 주도권인지를 알면 얼마든지 주도권을 줄 수 있다고 생각이 바뀔 것이다. 질문을 함으로써 넘겨주는 것은 생각의 주도권이다. 관계와 결정의 주도권이 아닌 현재 상황에서 판단을 위한 생각의 주도권을 넘기는 것이다. 생각의 주도권이 생기면 상황을 다시 떠올리고 객관적으로 바라보기 위해 노력하게 된다. 자기 행동을 객관적으로 바라보게 되는 것이다. 질문을 통해 자기성찰을 한 경험이 생기면 유사한 일이 일어날 때 이전보다 더 나은 선택을 하게 된다. 생각의 주도권을 갖게 되면 스스로 답을 찾아가며 뇌가 자극되며 주도적이고 능동적인 사람이 될 수 있다.

"내가 어떻게 도울 수 있을까?"
"무엇이 중요하다고 생각하니?"
"너의 생각이 궁금해. 말해줄 수 있니?"
"~~를 해보는 건 어떻게 생각해?"

이런 질문은 생각의 주도권을 자녀에게 넘기는 것이며 자녀의 감정, 생각을 명확하게 알 수 있다. 또한, 다른 주제의 이야기로 연결 지어 대화를 이어갈 수도 있다. 질문을 할 때는 현재 상황만 이야기하지 말고 과거의 경험, 일의 시작 시점, 다른 친구들도 비슷한 경험을 하는지 등을 물어야 전반적인 상황을 알 수 있다. 현재 상황에만 몰입하다 보면 편중된 판단을 할 가능성이 크다. 자녀의 경험과 함께 느낌과 생각도 물어봐야 한다. 질문을 통해 자각하지 못했던 감정이나 잊고 있던 사실이 떠오르며 더 좋은 답을 찾아갈 수 있다.

질문은 생각할 수 있게 해야 한다. 생각하는 질문이란 일상에서 일어난 단순한 일에 대한 것이 아닌 자녀의 관점과 생각이 담긴 이야기를 해야 하는 질문이다. "오늘 친구들이랑 재밌었어?"라는 질문 대신 "오늘 친구들이랑 어떤 이야기를 나눴어?"라는 질문을 던진다면 자녀는 대답하기 위해 생각하게 된다. 질문을 하고 나서는 생각할 시간을 충분히 주고 기다려 줘야 한다. 답변을 재촉하면 추궁받는 기분이 들어 더 얘기하고 싶어지지 않는다. 특히 사춘기 자녀는 바로 입을 닫을 가능성이 크니 조심해야 한다.

생각하게 하는 질문은 세 가지를 기억하면 된다. 상대방의 입장, 방법, 이유이다. 첫 번째는 어떤 상황이 생겼을 때 자기 입장과 상대방의 입장, 감정을 생각하는 질문을 하는 것이다. "저 사람은 지금 어떤 느낌일까?", "네가 저 사람이라면 어떻게 행동했을 것 같아?"와 같은 질문을 통해 다른 사람의 처지를 생각하게 할 수 있다. 두 번째 생각하게 하는 질문은 '방법'에 대한 것이다. "어떻게 그걸 성공할 수 있었어?", "이번에 결과가 좋지는 않지만, 다음에는 어떻게 해볼 수 있을까?", "그 친구는 왜 그렇게 했을까?", "저런 결정을 할 때 어떤 걸 중요하게 생각했을까?"와 같은 질문들을 통해 가치와 과정을 생각하게 할 수 있다. 세 번째는 이유를 생각하게 하는 질문이다. 발생한 일의 결과뿐만 아니란 이유까지 생각해 보는 연습은 사고를 촉진하는 중요한 요소이다.

자기 주도성과 줏대가 생기며 점점 자기주장이 강해지는 사춘기 자녀가 생각의 주도권까지 생기면 감당할 수 있을지 상상만 해도 고개가 절로 저어질 수도 있다. 자기만의 논리를 펼치며 우겨대는 준호를 보며 주변 엄마들에게 우스갯소리로 논술 수업을 일찍 시키지 말라고 이야기하곤 한다. 아직 경험과 지식이 충분하지 않아 자기 생각의 논리가 세워지지 않았기 때문에 일어나는 일로 아동기까지는 꽤 귀엽게 봐줄 만하다. 사춘기에 접어들면 사고방식이 굳어지기 전에 질문을 통해 생각하는 습관을 들여주는 게 중요하다. 질문은 서로 주고받기 때문에 사춘기 자녀의 입이 닫히기 전에 대화로 이어줄 수 있는 좋은 매개가 되어준다.

대화로 이어지는 질문, 대화가 단절되는 질문

어떤 질문이, 흐린 눈을 하고 매사에 "아, 몰라"를 외쳐대는 사춘기 자녀를 생각하게 하고, 대화를 이어줄까? 질문이면 뭐든지 가능한 게 아니다. 질문도 좋은 질문과 나쁜 질문이 있다. 좋은 질문은 상대를 이해하고 공감하기 위한 질문이다. 나쁜 질문은 답이 정해져 있는 질문으로 상대의 생각과 감정은 중요하게 생각하지 않는다. 대개 사춘기 자녀에게 던져지는 질문은 단답형의 대답에 가로막혀 힘을 제대로 발휘하지 못하는 경우가 많다. 또는 "몰라"라는 강력한 무기 앞에 없었던 것처럼 사그라지기도 한다. 그래서 질문을 어떻게 하느냐가 중요하다. 부모가 궁금한 것을 무턱대고 아무 전략 없이 물었다가는 다시는 대답을 듣지 못할 가능성이 크다.

"몰라"
"글쎄"

"아니"

"왜?"

"뭐!"

"모르겠는데?"

"아, 왜"

　사춘기 자녀들과 대화에서 가장 많이 듣는 말이기도 하다. 그나마 저런 말이라도 해주면 고맙다. 묵묵부답으로 세모눈을 뜬 채 쳐다보면 내가 먼저 "뭐!!!"라고 외치고 싶어진다. 그렇다고 아예 입을 닫은 채 남처럼 살아갈 수는 없지 않은가. 입을 떼게 하는 질문을 하면 대화를 이어갈 수 있다. 폐쇄형 질문이 아닌 개방형 질문을 하는 것이다. 정해진 답이 아니라 자기의 생각을 말할 수밖에 없는 질문이 개방형 질문이다. 개방형 질문에 긍정적 사고를 하게 하는 질문을 한다면 제아무리 사춘기라도 대답하게 될 것이다.

　먼저 생각을 확장하는 질문을 해보자. 사춘기는 전두엽계획·판단·추론을 관장 과 변연계감정·동기 관장 가 동시에 활발히 변화하는 시기이다. 이 시기에 사고를 촉진하는 질문은 추상적 사고를 훈련하는 데 긍정적 요인이 된다. 또한, 단순한 답보다 의미와 가치, 선택 이유를 물으며 자기 생각을 정립하고 표현하는 역량을 향상할 수 있다. 이때 중요한 것은 정답이 없으므로 어떤 의견도 수용될 거라는 분위기를 조성하는 것이다. 삶의 가치, 비전 등

추상적인 질문보다는 자녀의 경험과 연결된 구체적 질문을 하는 것이 중요하다.

"너의 말에 동의해. 그런데 이렇게 생각해 볼 수도 있지 않을까?",
"아! 그래. 그럴 수 있겠다. 그런데 이런 생각은 어때?",
"그렇구나. 잘 모르겠구나. 그러면 이 생각은 어때?",
"만약 다른 결정을 했다면 어땠을까?",
"네가 그 사람이라면 어떤 조언을 해줄 수 있겠어?"

두 번째는 가능성을 생각하게 하는 질문이다. 사춘기는 질풍노도의 시기라는 말처럼 자기 정체성을 찾아가는 중요한 시기이다. 발달심리학자인 에릭슨Erikson 은 발달 이론에서 사춘기를 정체성 대 역할 혼돈을 겪는 단계로 정상적인 발달 과정이라고 했다. 이 시기에 다양한 가능성을 경험하는 것은 자아 정체감 형성에 도움이 된다. 사춘기의 뇌는 시냅스가 활발히 재구성되는 시기로 새로운 관점과 생각을 접할 때 사고가 유연해진다. 진로, 학습, 관계, 자기 이해 등과 관련한 다양한 가능성을 열어두고 상상하며 자기를 찾아갈 수 있는 질문을 건네면 대화가 이어진다.

 가능성을 생각하게 하는 질문

질문 방향	질문 예시
진로·미래	"어떤 일을 하며 살고 싶어?" "돈이 문제가 안 된다면, 뭘 하고 싶어?" "네가 가진 재능 중 아직 안 써본 건 뭐가 있을까?" "앞으로 10년 뒤에 네 하루를 상상해 본다면, 어떤 모습일까?"
학교·학습	"만약 네가 선생님이라면 이 수업을 어떻게 진행할 거야?" "시험 말고 네 실력을 보여줄 방법은 어떤 게 있을까?" "어떤 지식을 더 배워보고 싶어?"
친구·관계	"네가 친구의 입장이라면 어떻게 느꼈을까?" "만약 갈등을 해결하는 새로운 방법을 만든다면 어떻게 할 거야?" "친구가 너에게 무엇을 부탁한다면 네가 들어줄 수 있는 건 어떤 일이야?" "도움이 필요한 사람이 있다면 어떻게 도울 수 있을까?"
자기 이해· 성장	"최근에 스스로 뿌듯했던 순간은 언제야?" "지금 네가 가장 궁금한 건 뭐야?" "새로 도전하고 싶은 걸 어떤 게 있어?" "예전엔 어려웠는데 지금은 할 수 있는 게 뭐가 있어?" "너의 강점과 약점은 어떤 거라고 생각해?"

같은 질문이어도 대화를 단절하고, 부모와 다시는 말을 하고 싶지 않게 만드는 피해야 할 질문도 있다. 물음표를 달고 있으나 누가 들어도 질문이 아닌 질문. 바로 단정적 질문이다.

단정적 질문은 비난처럼 느껴져 대화를 회피하거나 반항을 부추길 수 있다. "넌 왜 맨날 약속을 안 지키니?", "또 숙제는 대충 하고 게임하려는 거잖아?"와 같은 말은 자기 이미지를 왜곡시켜 자녀가 자신을 부정적 이미지로 받아들일 수도 있다. 이는 자기효능감과 자존감에 부정적 영향을 줄 가능성이 크다. 답이 이미 정해져 있는 듯한 단정적 질문은 추궁하는 것처럼 느껴져서 자녀가 속마음을 말하기 어렵게 한다. 단정적 질문은 자녀의 행동이나 생각이 정말 궁금하기보다 부모의 감정과 생각을 질문의 형태를 빌려 전달하는 것이다. 사춘기 자녀에게는 잔소리와 다를 바 없는 듣기 싫은 말 중 하나일 뿐이다. 질문을 하기 전에 공감적 언어를 먼저 하면 쿠션 효과가 있어 도움이 된다. 부모가 듣고 싶은 말을 유도하지 말고 자녀의 생각을 진심으로 궁금해하고 질문하자. 진심은 통하기 마련이다.

 ## 단정적 질문과 대안 질문

단정적 질문	질문이 자녀에게 미치는 영향	대안 질문
"너는 왜 항상 그러니?"	'항상' 같은 절대 표현은 방어적으로 만든다.	"그렇게 행동한 이유가 있어?"
"어차피 넌 맨날 말만 하고, 절대 안 변하잖아."	변화 가능성을 부정하는 말은 동기를 꺾는다.	"숙제를 미루지 않기 위해 스스로 노력하고 있는 게 있어?"
"왜 또 문제가 생겼어?"	사실 확인 전에 비난부터 하면 대화가 시작될 수 없다.	"무슨 일이 있었어?"
"넌 원래 약속을 안 지키잖아."	고정관념이 생겨 자기 이미지가 부정적으로 변한다.	"약속을 지키기 위해 어떻게 하면 좋을까?"
"도대체 왜 맨날 이러는거냐?"	질문이 아니라 공격, 비난처럼 들려 대화가 되지 않는다.	"어떤게 어려운 건지 말해줄 수 있니?"

단정적 질문	질문이 자녀에게 미치는 영향	대안 질문
"네 친구들을 좀 봐. 너처럼 행동하는 애가 있니?"	비교는 자존감을 낮게 만든다.	"너의 방식대로 하고 싶구나. 네 방식대로 어떻게 하면 해결할 수 있을까?"
"또 핑계 대려고 그러지?"	이유를 설명할 기회가 차단되며 대화로 이어지지 않는다.	"그때 네가 어떤 상황이었는지 말해줄래?"
"네가 잘못한 거잖아, 안그래?"	이미 결론을 내리고 답을 강요하는 방식으로 대화 할 의지를 꺾어버린다.	"너의 행동에 대해 너는 어떻게 생각해?"
"생각을 하긴 하는 거야?"	왜 그런 행동을 했는지 알고 싶어기보다 자녀의 성격으로 단정 지어버려 해결 가능성을 낮춘다.	"그 행동을 하게 된 계기나 어떤 생각을 하고 있었는지 알려줄래?"

두 번째는 강요하는 질문이다. 강요하는 질문은 답을 특정 방향으로 유도하거나, '예, 아니오'로만 대답하게 만드는 질문이다. 자녀의 선택이나 의견을 존중하기보다 부모가 원하는 결론을 강제로 끌어낸다. 예를 들면 "그렇게 해야 하는 거 알지?", "이제 그만할 거지?"와 같은 형태이다. 사춘기는 독립심이 강해지는 시기인데 강요하는 질문을 받으면 자기 결정권을 빼앗겼다고 느껴 반발심이 커진다. 또한 자신을 압박한다고 느껴 속내를 말하지 않으며 부모의 강요로 선택이 이루어지다 보니 외적 동기에 의존하게 된다. 탐색형 질문을 활용하면 사춘기 자녀는 자기 생각을 더 잘 말할 수 있다. "왜 그렇게 생각했어?", "그렇게 하게

된 이유는 뭐야?"와 같은 질문을 활용해 보자.

 강요하는 질문과 대안 질문

강요하는 질문	대안 질문
그렇게 해야 하는 거 알지?	네 생각엔 어떻게 하는 게 좋을 것 같아?
이제 그만할 거지?	그 일을 계속하는 거에 대해 넌 어떻게 생각해?
이번엔 공부 좀 할 거지?	이번 시험은 어떻게 준비할 생각이야?
게임 그만할 거지?	게임시간을 어떻게 조절하면 좋을까?
다음부턴 안 늦을 거지?	늦지 않게 시간을 맞출 수 있는 좋은 방법이 있을까?
이렇게 하는 게 맞지?	넌 어떤 게 좋은 방법이라고 생각해?
그건 안 할 거지?	그걸 하거나 안 했을 때 어떤 차이가 있을까?
엄마(아빠) 말대로 할 거지?	여러 방법 중에서 어떤 게 좋다고 생각해?

　세 번째는 모호한 질문이다. 질문의 요지도, 원하는 답도 알 수 없는 애매모호한 질문은 자녀를 혼란에 빠뜨린다. 명확하고 단순하게 질문해야 정확한 답을 들을 수 있다. 질문이 명료하지 않으면 자녀는 질문 의도를 파악하지 못해 대답을 회피하거나 짧게 말하거나, 질문 의도와 다른 엉뚱한 대답을 할 수도 있다. 부모로서는 자녀가 성의 없게 대답한다고 생각해 오해가 생기기도 한다. 자녀로서는 부모가 정말 관심이 있어서 묻는 게 아니라

형식적으로 묻는 거로 생각해 자신에 관한 관심이 부족하다고 느낄 수도 있다. 또한, 질문은 한 번에 하나의 주제로만 해야 한다. 여러 가지 질문을 한꺼번에 하면 여러 생각이 뒤섞이며 대화의 주제를 벗어날 수 있다. "좀 괜찮아?", "학교는 어때?", "그건 어때?", "재미있었어?"와 같은 질문은 구체적인 범위가 없어 대답하기 모호하다. 질문할 때 언제, 어떤 상황, 대상을 넣으면 구체적이 되며 자녀는 구체적으로 대답할 가능성이 커진다.

질문을 받으면 대답해야 하므로 대화로 이어질 수밖에 없다. 하지만 어떤 질문이냐에 따라 대화가 될 것인지 단답형으로 짧게 끝날 것인지가 달라진다. 사춘기가 되면 많은 아이가 입을 닫는다. 부모와 관심사도 달라지고, 부모의 통제를 거부하며 대화까지 단절되는 것이다. 그럴 때 좋은 질문은 대화를 이어주는 마중물과 같다. 부모가 궁금한 것을 해결하고, 의문문의 형태를 빌려 잔소리하는 것이 아니라 진심으로 자녀와 소통하고 싶어 해야 마중물이 될 것이다. 질문을 통해 자녀가 성장할 가능성을 높이고, 부모와 신뢰관계를 형성할 수 있다. 대화로 이어지는 질문, 대화를 단절시키는 질문을 꼭 기억하자.

자녀를 성장시키는 질문

질문은 호의적인 태도로 차분하게 해야 한다. 앞서 살펴본 피해야 할 질문들은 부모의 표정, 말투부터 강압적으로 느껴진다.

다그치듯 말하거나 표정이나 동작이 호의적이지 않으면 자녀는 대화에 응하지 않는다. 질문을 한 뒤에는 기다려 주자. 의미 없는 대답을 듣고 싶은게 아니라면 자녀가 생각을 정리할 시간을 주어야 한다. 침묵을 어색해하지 말고 자연스럽게 허용해 주면 된다. 기다림은 허비하는 시간이 아니라 자녀와 관계를 만들어 가는 시간이다. 사춘기 뇌는 판단, 자기조절을 담당하는 전두엽이 완전히 발달하지 않아서 질문을 받은 후 정보를 처리하고 답변을 생각하는 과정이 오래 걸린다. 그런 자녀에게 대답을 재촉하면 압박감을 느껴 반항심이 솟아오른다. 결국 솔직한 대답 대신 "몰라", "그냥"과 같은 짧고 회피적인 답을 하거나, 대화를 피해버린다. 재촉하지 않고 기다려 주는 태도는 "네 의견과 생각을 존중한다"는 메시지를 주고, 이런 경험이 쌓여야 사춘기 자녀가 부모와 대화할 때 심리적 안전감을 느낀다. "바로 생각나지 않으면 생각 좀 해보고 말해도 괜찮아", "생각나게 되면 다음에 말해줄래?"와 같은 말을 활용해 보자.

질문은 핵심을 벗어나지 말아야 한다. 사춘기 자녀는 한 번에 여러 가지 주제를 처리하는 데 어려움이 있다. 핵심에서 벗어나면 대화의 초점이 흐려지고, 결국 원래 묻고 싶었던 중요한 주제를 잊게 된다. 특히 질문을 하다 다른 주제로 갑자기 넘어가거나, 과거 일까지 끌어오면 자녀로서는 '또 잔소리가 시작됐다'라고 느껴 방어적인 태도를 보인다. 핵심 주제에서 벗어나면 현재 상황에 대한 구체적인 해결책을 찾기 어려워진다. 결국 결론 없이 대화가 끝나거나, 오히려 감정만 소모되는 것이다. 자녀에게는 다음 대화 시도를 방해하는 부정적인 경험으로 남을 수 있다.

준호의 숙제를 일일이 검사하거나 공부하는 것을 확인하지는 못한다. 어느 날 숙제를 안 해왔다는 학원 선생님의 전화를 받고 다른 과목도 공부를 어떻게 하고 있는지 확인했더니 영어 숙제가 계속 밀리고 있었다. 숙제를 다 했다던 준호의 대답만 믿었던 나의 불찰이다. 밀린 숙제를 어떻게 할 것인지 준호와 의논을 시작했다.

"준호야, 밀린 숙제가 아주 많은데 어떻게 할 생각이야?"
"조금씩 할 거야"
"조금씩 어떻게 할 건지 구체적으로 말해보자"
"엄마는 신경 안 써도 돼. 내가 알아서 할게"
"아니, 신경을 안 썼더니 이렇게 밀렸잖아. 너 독해 문제집 푸는 것도 밀렸잖아. 그건 어떻게 할 건데? 한자도 외워야 하고. 한자는 어디까지 외웠어? 방학 때 일주일에 한 권은 책을 읽기로 했는데 책도 안 읽고. 어제 읽기로 한 것은 어디까지 읽었어? 다른 건 제대로 하는 거야?"
"아! 그만 좀 해!!"

결국 준호와의 대화는 서로 감정만 상한 채 끝났다. 이미 핵심을 벗어났고, 질문을 빙자한 질책과 잔소리가 이어졌으니, 질문에 대한 명쾌한 답을 기대하는 건 어림도 없는 일이다.

자녀에게 질문할 때는 "왜"보다는 "어떻게"라는 말을 활용하자. "왜"는 잘못을 따지는 느낌이 들어 자녀가 비난받는다고 생각하기 쉬워 이유를 설명하기보다 변명하거나 침묵하기 쉽다. "어떻게"는 해결 방법 중심의 대화가 가능하고 비난보다 협력의 느낌을 주어 자녀가 조금 더 편하게 대화에 임한다. 단, 말이나 행동의 동기를 파악하기는 한계가 있고 자녀가 구체적이기보다 추상적인 답변을 할 가능성도 있다. 따라서 자녀가 대화에 긍정적으로 임하기 시작하면 "왜" 질문을 활용해 동기와 맥락을 파악하는 것이 필요하다. 이때 추궁하려는 의도가 아니라 정말 궁금해서 묻는 거라는 점을 알려주면 좋다.

자녀와 대화 한번 해보겠다고 이것저것 준비해서 질문했는데 자녀의 입에서 "아, 몰라"라는 말이 나오면 공에 바람 빠지듯 대화를 이어갈 기운이 쭉 빠져버린다. 사춘기 자녀의 "몰라"라는 말의 의미는 뭘까? 첫 번째는 정말 모르는 것이다. 두 번째는 질문에 대한 생각을 정리할 시간을 벌기 위해서 "몰라"라고 습관적으로 말한 것일 수 있다. 준비되지 않은 상황에서 부모가 갑자기 감정이나 의견을 물을 때 나타날 수 있는 반응이다. 세 번째는 질문이 비난처럼 들리거나 회피하고 싶은 불편한 주제일 경우이다. "몰라"라는 말은 대화를 중단하는 가장 쉽고 간단한 방법이다. 네 번째는 회피이다. 말을 해봤자 부모와 갈등이 생기거나 잔소리를 들을까 봐 아예 표현하지 않는 것이다. 다섯 번째는 흥미 없는 주제이거나 대화하고 싶지 않은 상태일 수 있다. 게임에 집중하고 있는데 부모가 질문을 하면 게임을 중단하고 부모와 마주 앉아 눈을 맞추며 적극적으로 대답할 사춘기 자녀는 어디에도 없다. 이럴 때는 대답을 재촉하지 말고 "그럴 수도 있어. 생각나면 말해줄래"라고 여유를 가질 수 있게 해줘야 한다. 정말 모르는 것 같은 눈치라면 질문을 구체적으로 바꿔서 하는 것도 방법이다. "몰라"라는 말에 부모가 상처받고 곧바로 대화를 중단해버리면 자녀는 부모가 자신에게 진심으로 관심이 있는 게 아니라고 생각할 수 있다. 한 번 정도는 더 물어보고 여전히 같은 반응이라면 다음으로 질문을 미루자.

유대인들은 질문과 토론을 교육의 초점으로 삼는다. 일과를 자녀가 이야기하면 귀담아듣고 모르는 것을 질문하며 적극적 관심을 보인다. 자녀의 질문에 부모는 바로 답을 알려주지 않고 '왜?'라는 질문을 통해 자녀 스스로 답을 찾아가도록 한다. 질문을 사고의 범위를 넓히고 창의성을 기르는 중요한 도구로 활용하는 것이다. 특히 하브루타는 유대인들이 노벨상 수상자의 25%를 차지하는 데 이바지한 교육방식이다. 학교와 가정에서 일상적으로 하브루타 교육을 하는데 이는 생각하는 힘을 키우기 위함이다. 하브루타는 친구와 공부하며 친구에게서 배우고, 친구를 가르치기도 하며 모두가 교사가 되어 최상의 아이디어와 생각을 끌어낸다. 부모와 자녀 간에도 마찬가지다. 대화를 주고받을 때 의미 있는 질문을 하고 답하며 질적인 대화를 이어가다 보면 토론이 되고 논쟁이 되기도 한다. 이 과정은 서로의 생각을 이해하고, 다름을 받아들이며 배우는 소중한 시간이 된다.

질문은 생각하게 만들고, 뇌를 사용하게 한다. 상대방의 질문을 들으면 답변해야 하고 답변을 위해 내 생각, 행동, 사물, 주변 사람, 일어난 일 모든 것을 치열하게 생각해야 한다. 하브루타는 다른 사람과 다른 관점에서 생각하고 다른 사람의 생각을 수용하는 과정을 거치며 다양한 시각을 갖게 한다. '왜?'라는 질문을 기본으로 의문을 품고 질문하다 보면 성장할 수밖에 없다. '왜?'라는 질문은 창의적 사고를 촉진하고 생각을 확장한다. 사춘기 자녀에게 "왜?"라고 물어보자. 물론 더 큰 세모눈으로 흰자만 보여줄 수도 있다. 흔들리지 말고 담담하게 "너의 생각은 어때?", "왜 그런 일이 일어난 것 같아?"라는 질문을 일상에서 던지다 보면 자녀도 근본적인 이유를 생각하기 시작한다. 틀린 답을 말해도 다시 질문을 통해 답을 찾아가도록 하다 보면 더 깊이 있는 생각을 할 수 있게 된다. 부모가 답을 알려주다 보면 자녀는 더 이상 궁금해하지 않는다. 궁금한 게 생기거나 어려운 일이 생기면 부모를 찾아 해결할 답을 알려달라고 하게 될 것이다. 자녀가 질문을 했을 때 질문으로 답을 찾아가도록 유도하는 게 그래서 중요하다.

자녀와 대화할 때는 눈을 보며 집중하고 어떤 말을 하더라도 수용해줘야 한다. 세모눈을 마주치는 순간 분노가 치밀어 오를 수도 있지만 원래 그렇게 생긴 눈이라고 생각하자. 눈의 모양이 중요한 게 아니라 듣는 게 우선되어야 대화를 이어갈 수 있다. 질문을 통해 자녀의 부족함을 일깨우고 좌절을 경험하게 하려는 게 아니라면, 자녀의 의견을 경청하고 부모의 의견을 이해시키기 위해 노력해야 한다. 자녀를 이기고 내 뜻대로 설득하기 위해서가 아니라 스스로 발전하기 위해 질문하고 논쟁하는 것이다. 질문하고 토론하는 유대인의 교육 목적은 그 과정을 통해 스스로 답을 찾게 하는 것이다. 사춘기 자녀와 질문을 주고받으며 어떤 관점이 서로 다른지, 어떻게 합의해 가는지 과정을 경험하게 하는 것이 중요하다.

하브루타를 접하고 너무 좋은 교육방식이라는 생각에 준호에게 적용해 봤다. 하브루타 책도 사서 읽고 탈무드 이야기를 읽어주고 하브루타 토론을 해보고 싶었다. 요즘 아이들은 어른보다 시간이 없어 얼굴 맞대고 얘기하기가 쉽지 않다. 서로 가장 편안한 시간이 잠들기 전이므로 잠자리에서 하는 것을 추천한다.

"준호야, 들어봐. 다섯 사람이 한 벤치에 앉아있었어. 그때 다른 한 사람이 와서 그 벤치에 더 앉았는데 그 순간 벤치가 무너진 거야. 벤치가 무너진 것은 누가 배상해야 할까?"

벤치를 만든 사람이 책임을 진다든지, 마지막에 앉은 사람이 책임이 있다든지, 다 같이 앉아있었으니 함께 책임을 진다든지 같은 답을 기대하고 각 답에 따른 나의 의견도 생각을 해뒀다.

"자기들이 잘못한 건데 왜 내가 그것까지 생각해야 해?"

그렇게 서로의 의견을 주고받으며 생각을 나누고자 했던 나의 기대는 무너졌다. 물론 사춘기는 저렇게 반응할 수도 있다. 그럼에도, 부모의 꾸준한 노력은 필요하다.

사춘기는 한창 성장하고 있는 시기이기 때문에 바르게 성장할 수 있도록 부모가 도와야 한다. 요즘 아이들은 정보력이 좋고 기성세대보다 발달이 빨라서 부모 세대의 성장 신화나 일방적 가르침은 통하지 않는다. 자녀의 눈높이에서 대화하며 자녀의 현재 성장 정도에 맞는 전략이 필요하다. 효과적인 대화법 중 하나가 '질문'이다. 사춘기는 추상적 사고가 빠르게 확장되는 시기이므로 사고를 확장하는 질문은 논리력과 창의력을 함께 키워 준다. 자기 생각과 감정을 표현하는 경험이 많아지면서 자아 정체감 형성에도 긍정적 도움을 준다. 질문을 통해 스스로 해결 방안을 생각하고 자기 가치를 구축해 나가며 문제해결력도 향상된다. 부모의 준비가 자녀의 성장을 도울 수 있으며 자녀와 신뢰를 기반으로 한 좋은 관계를 만들어 갈 수 있다.

3

상처 주지 않는 훈육 대화법

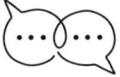

부모는 자녀들과 감정적 대립을 하면서까지 왜 훈육을 하는 것일까? 훈육은 자녀가 사회생활에 잘 적응하고 원만히 살아가기 위한 준비 과정으로 '상황에 맞는 적절한 행동과 자기조절을 가르치는 것'이다. 자녀를 이기려고, 부모의 말을 잘 듣는 아이로 키우려고 훈육을 하는 것이 아니다. 훈육할 때 자녀와 갈등이 생기는 이유는 매우 엄격한 '부모의 잣대'로 자녀를 판단하고 가르치려고 하기 때문이다. 자녀의 발달단계에 맞는 자녀의 잣대로 눈높이를 맞춰 바라봐야 훈육은 성공한다.

자녀의 실수에 대해 지나치게 엄격한 이유는 '부모의 잣대'로 자녀를 바라봐서이다. 남의 자식보다 내 자식에게 더 엄격하며 같은 실수를 해도 남의 자식에게는 "괜찮아, 그럴 수 있어~"라고 관용적인 모습을 보이지만 내 자식에게는 "조심했어야지! 생각이 있는 거야?"라며 다그치는 경우가 많다. 엄격한 부모의 잣대로 자녀를 대하다 보니 자녀는 부모의 기대가 버겁기만 하다. 아무리 성숙하게 행동하려고 해도 늘 기대에 못 미치고 자신감 없는 어른이 되어버리거나 부모에게 반항으로 발버둥 친다.

사춘기가 되면 엄격한 '부모의 잣대'에 반발하기 시작한다. 사춘기는 뇌 발달과 심리 변화가 동시에 일어나며 권위에 대한 저항, 자율성 욕구가 높아지는 시기이기 때문이다. 전두엽 발달이 완료되지 않아 생각보다 감정이 앞서며 정체성을 형성하는 중이다 보니 스스로 결정하고 싶어 한다. 이때 강압적으로 훈육하면 통제당한다는 생각에 반발심만 커진다. 호르몬 변화로 인해 감정 기복이 심한 시기여서 같은 말에도 감정 상태에 따라 다르게 반응하기도 한다. 사춘기 자녀의 훈육이 잘 안되는 건 자녀가 이상해서도, 부모가 부족해서도 아니다. 어른이 되어가는 발달 단계상 당연히 나타나는 현상이다. 부모가 사춘기 자녀의 특성을 이해하고 강한 통제가 아닌 사춘기 자녀에게 통하는 훈육 방법을 찾는 게 중요하다.

미국의 정신분석학자 에리히 프롬 Erich Fromm 은 《사랑의 기술 The Art of Loving 》등 여러 저서에서 부모 역할에서 사랑과 규율의 균형을 강조했다. '아이를 사랑하지만, 그 사랑이 방종으로 흐르지 않도록 경계를 세우고, 규율을 지키게 하지만, 그것이 공포가 아니라 신뢰와 존중 위에서 이루어지는 부모'가 에리히 프롬이 말하는 부모의 모습이다. 뇌 발달이 완료되지 않고 심리적 변화가 심한 사춘기 자녀에게는 에리히 프롬이 강조한 부모의 역할을 적용해 보면 도움이 된다.

에리히 프롬의 철학에 기반한 훈육단계는 5단계로 설명된다. 첫 번째는 안전감을 부여하는 사랑의 기반 다지기이다. 자녀에게 부모가 자신을 있는 그대로 사랑한다는 확신을 하게 하는게 목표이며 자녀의 현재 감정과 존재를 인정해 주는 것이다.

"너가 어떤 선택을 해도, 너를 사랑해. 다만 이번 행동에 관해서는 이야기해야 해."

두 번째는 규칙에 관해 설명하는 것이다. 규칙이 부모의 뜻대로 하기 위한 것이 아니라 함께 살아가기 위한 약속이라는 것을 인식시키기 위해 규칙의 목적과 이유를 명확하게 전달해야 한다.

"숙제하는 건 성적 때문만이 아니라, 너가 책임감 있는 사람이 되기 위한 연습이야."

세 번째는 자기 행동을 선택할 수 있으나 그에 따른 결과는 스스로 책임져야 함을 선택과 연결 지어 설명하는 것이다. 자녀의 선택에 따른 결과를 제시하고 스스로 선택하게 한다. "오늘 밤에 숙제를 끝내면 주말에 자유시간이 많아지고, 안 하면 주말 중 하루는 못 한 공부를 마저 해야 해."와 같은 것이다. 네 번째는 규칙을 시행하면서 자녀를 부모가 사랑하고 있음을 재확인시키는 것이다. 규칙을 위반했을 때 통제하더라도 대화는 자녀에 대한 애정을 표현하며 마무리해야 한다.

"이번에는 약속을 지키지 못해서 주말 게임은 쉬어야 해. 그래도 나는 네가 다음엔 해낼 거라 믿어."

마지막 단계는 부모의 버티기로 훈육의 일관성을 유지해야 한다. 부모의 기분이나 상황에 따라 규칙이 바뀌지 않는다는 신뢰를 형성해야 한다.

"네가 기분이 좋든 나쁘든, 우리 집 규칙은 그대로야. 그게 서로를 위한 거니까."

자녀에게 표현하는 사랑은 자신이 가치 있는 존재라고 생각하게 해서 자존감이 높아지고 규칙을 지키는 경험은 스스로 행동을 책임질 수 있다고 믿게 해준다.

훈육에서 중요한 것이 '규칙 지키기'인데, 부모가 잘 버텨내지 못하는 것 중 하나다. 눈물 그렁그렁한 눈으로 "한 번만~~~"을 외치는 모습이 안쓰러워서, 이런저런 말도 안 되는 이유를 대며 열심히 노력하는 모습이 귀여워서, 들어줄 때까지 졸라대는 끈

질김에 지쳐서 결국 부모가 세운 규칙을 부모가 무너뜨리는 것이다. "오늘 한 번만이야. 다음엔 무슨 일이 있어도 안 돼"라고 자녀에게 말하지만, 부모 스스로 다짐하는 말은 이미 힘을 잃어버렸다. 부모 스스로 예외를 만들어 버림으로써 자녀는 규칙을 지키지 않아도 되는 것이라고 인식해 버렸기 때문이다. 훈육에 성공하고 싶다면 부모의 버티기가 중요하다.

 상황에 따른 에리히 프롬 철학 적용 대화법

상황	사랑(안전감) 표현	규율(책임) 제시	결과 연결	마무리 긍정
집에 늦게 귀가했을 때	"무사히 와서 다행이야."	"우리 집 귀가 시간은 10시까지야."	"30분 늦었으니, 이번 주말 외출시간은 30분 줄이자."	"다음엔 스스로 시간 지킬거라고 믿어."
성적 떨어졌을 때	"성적이 떨어져도 넌 소중해."	"성적은 네 미래 선택지를 넓혀줘."	"다음 시험 전까지 하루 30분 추가 공부하자."	"넌 충분히 다시 성적을 올릴 수 있어."
거칠게 말할 때	"화난 건 이해해."	"화가 나도 다른 사람에게 거칠게 말하는 건 안 돼."	"지금 대화 멈추고 5분 뒤 다시 얘기하자."	"차분히 말하면 더 잘 들어줄 수 있어."
숙제를 다 안 했을 때	"숙제를 다 안 한 이유가 궁금해."	"숙제를 안 하면 선생님과의 약속을 지키지 않는거야."	"오늘 밀린 숙제까지 끝내야 내일 게임을 할 수 있어."	"숙제를 다 하면 게임 허락할게."
방 청소를 하지 않았을 때	"요즘 바쁜 건 알아."	"하지만 주 1회 방 청소를 하기로 했잖아."	"오늘 청소를 안 하면 다음 주 용돈은 줄 수 없어."	"청소가 끝나면 용돈은 예정대로 줄게."

감정을 빼면 상처받지 않는다

자녀를 키우며 실수하는 것 중 하나가 훈육과 부모의 감정 표출을 구분하지 못하는 것이다. 훈육과 화를 내는 것은 다른데 화를 내놓고는 훈육했다고 생각하고, 훈육했는데 자녀가 변하지 않으니 자녀 탓을 하게 된다. 화를 내거나 짜증을 내는 것은 교육적 효과가 전혀 없다. 두려움에 잠시 자녀의 행동이 바뀔 수는 있으나 다시 돌아오기 마련이다. 훈육은 자녀가 스스로 상황에 맞게 적절히 행동하고 자기를 조절할 수 있도록 가르치는 것이다. 사춘기 자녀에게는 특히 화를 내는 방법은 통하지 않는다. 부모의 고요한 마음에 불을 지펴오는 행동 때문에 마른 장작처럼 화르르 타오르지 말고 우선 심호흡을 하자. 지금 이 일이 눈에 핏대를 세우며 자녀와 전쟁을 치러야 할 만한 일인지 다시 생각해 보는 것이다. 막상 생각해 보면 꼭 야단치고 혼내지 않고 말로 해결할 수 있는 일이 꽤 많다는 걸 알게 된다.

사춘기 자녀를 훈육할 때는 자존심이 상하지 않게 하는 것이 중요하다. 어린아이들도 남의 시선을 의식하고 남 앞에서 혼나는 걸 싫어하는데, 사춘기는 오죽하겠는가. 자녀에게 수치심을 안겨주거나 체면을 구기는 말은 어떤 효과도 기대할 수 없다. 훼손된 자존심을 보상받기 위해 더 반발하고 부모와 사이만 나빠질 뿐이다. 부모도 사람인지라 자녀의 밑도 끝도 없는 반항과 묘하게 거슬리는 말투와 눈빛 등에 자극받을 수밖에 없다. 개인

심리학의 창시자 아들러는 사람과 사람 사이에서 서로를 온전히 이해하는 건 불가능하다고 했다. 부모와 자식 간에도 마찬가지다. 대화할 때도 서로를 온전히 이해할 수 없다는 것을 전제로 최대한 자녀가 이해할 수 있는 말로 설명해야 한다.

사춘기 자녀의 어디로 튈지 모르는 말과 행동을 마주해 본 경험이 있다면 인내심을 갖는다는 게 얼마나 어려운 일이지 공감할 것이다. 그럼에도 사회의 구성원으로서 자기 역할을 해내도록 키우기 위해 부모는 감정을 참아야 한다. 자녀를 훈육할 때는 행동 자체만을 비난하기보다 행동이 왜 잘못되었는지 근본적인 이유를 알려주어야 한다. 자녀가 수긍하고 받아들일 경우 그 행동을 칭찬해 주면 효과가 배가 된다. 자녀가 자기주장만 내세우며 소통이 되지 않을 때 부모도 감정적이 되며 자녀의 감정은 보지 않게 된다. 그럴 때는 일단 반응을 멈추고 지금 왜 이런 상황이 벌어졌는지 다시 생각하며 한숨 고르는 것이 필요하다. 자녀의 화내는 반응에 휘말리지 말고 부모 자신의 감정을 알아차리는 게 중요하다. 자녀의 행동 때문에 화가 난 것인지, 부모의 기대, 욕구가 채워지지 않아서 지금의 감정이 올라온 것인지 바라보는 게 필요하다. 자기감정을 알아차리면 어떻게 대응해야 할지가 명료해진다.

자기 욕구가 이루어지지 않거나 자기 가치와 부딪힐 때 감정적으로 되기 쉽다. 자녀가 불편한 감정을 드러낸다면 드러나지 않은 욕구가 무엇인지 살펴봐야 한다. 부모가 자기 욕구에 관심 두고 알아 차려주는 것만으로도 자녀는 존중받고 있다고 생각하고 대화가 이어진다. 사춘기 자녀는 한마디 한마디 나눌 때마다 분노 버튼을 누르며 자극하는 경우가 많다. 이럴 때 분노 버튼이 눌리면 타인에게는 도저히 하지 못하는 말도 자녀에게는 서슴없이 한다. 많은 부모가 자녀를 자신과 동일시하는 경우가 있다 보니 일어나는 일이다. 부모의 칼날 같은 말은 자녀의 심장을 뚫고 비수가 되어 꽂힌다. 부모에게 사랑과 보호를 받으며 안전해야 하는 자녀에게는 큰 상처가 된다. 자녀의 인격을 부정하는 말을 삼가고 자녀에 대한 믿음을 긍정적 언어로 전달해야 한다. "넌 어차피 약속 안 지키는 애잖아"라는 말 대신 "엄마는 네가 약속을 지키려고 노력한다는 걸 알아. 이번에도 잘 지킬 수 있을 거라고 믿어"라고 바꿔 말하는 것이다.

사춘기 자녀는 부모가 자신을 수용한다고 느껴야 다음 단계가 가능해진다. 부모는 자녀가 잘되기를 바라서 야단치고, 잔소리하는 거지만 자녀는 자기를 믿지 못해서, 미워해서라고 생각할 수도 있다. '부모님이 나를 위해서 말씀하시는 거구나'라는 생각이 들게 신뢰를 줘야 한다. 그렇다고 자녀의 모든 말과 행동을 수용해야 한다는 건 아니다. 기준을 명확히 정하고 그에 따라 행동해야 한다. 다만, 앞서 말한 것처럼 감정적 반응을 자제하며 자녀가 이해할 수 있도록 설명하면 된다. 부모의 감정을 솔직하게 전하는 것도 중요하다. 부모가 자기 행동을 어떻게 느끼는지, 어떤 느낌이 드는지 알게 된다면 훈육의 말을 조금 더 수용적인 자세로 받아들인다.

　감정적으로 말하지 않는 방법 첫 번째는 부모의 감정을 인식하는 것이다. 내가 지금 어떤 마음이 드는지, 긍정적인지 부정적인지, 감정의 근원은 무엇인지 인식하는 것이 중요하다. 앞서 말한 바와 같이 부모 자신의 욕구가 충족되지 않아서 감정이 올라오는 경우가 대부분이기 때문에 자기감정을 인식하면 자녀에게 감정적 대응을 하지 않을 수 있다. 두 번째는 감정, 특히 부정적인 감정을 빼고 사실만 명료하게 말하는 것이다. 부모의 평가나 판단을 빼고 사진을 설명하듯이 자녀의 잘못된 행동만 설명하는 것이다. 예전 일부터 일어나지도 않은 미래의 예측까지 더해서 말하다 보면 감정이 일어날 가능성이 크다. 세 번째, 자녀의 행동을 문제 삼고 싶을 때는 자기에게 먼저 질문해 보자. '나는 아이가 무엇이 달라지기를 바라는가? 지금과 다르게 어떻게 행동하기를 바라는가?'를 자신에게 묻고 답을 찾아보자. 자녀에게 어떤 요구를 하고 싶은지가 명확해지면 감정도 잦아든다.

　사춘기 자녀는 전두엽의 미발달, 호르몬의 영향으로 감정조절이 잘 안 되는데 부모마저 감정조절을 하지 못하면 평행선을 달릴 수밖에 없다. 사춘기의 복잡하고 어지러운 시기를 잘 지나갈 수 있도록 돕기 위해서는 사춘기 자녀의 훈육은 특히 감정적 요소를 배제해야 한다.

　감정은 자기 욕구가 충족되지 못했을 때 들끓어 오르는 것이니 자녀 때문에 화가 난다고 생각하지 말고 부모의 어떤 욕구가 채워지지 않아 감정이 끓어오르기 시작했는지 살펴봐야 한다. 그 뒤에는 자녀에게 긍정적 언어로 변화하기를 바라는 모습, 부모의 욕구를 전하면 사춘기 훈육은 실패하지 않는다. 자녀를 믿고 기다리며 반복하다 보면 자녀 스스로 '해도 되는 일'과 '하면 안 되는 일'을 구별하는 순간이 찾아온다.

4

무조건 실패하는 대화법

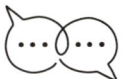

이렇게만 하면 대화가 단절된다

사춘기 자녀와 대화를 시작하고, 지속하는 방법을 배우기 위해 부모들은 부단히도 노력한다. 사춘기 자녀를 이해하고 소통할 수 있는 다양한 방법은 많이 있다. 문제는 그걸 내 것으로 만들기가 어렵다는 것이다. 부모들을 대상으로 아들과의 소통법을 주제로 강연을 하면 부모 대부분이 필요성은 너무 공감하나, 입 밖으로 잘 나오지 않는다고 한다. "닭살 돋아서 말이 안 나와요.", "들을 때는 알겠는데, 막상 닥치면 전혀 생각이 안 나요."라고 말한다. 아무리 많은 정보를 머릿속에 넣어도 막상 자녀와 마주하면 백지장이 된 것처럼 하나도 생각이 안 나는 것이다. 결국 평소에 하던 대로 서로를 상처입히는 말들이 오고 가고야 만다. 그럴 바에야 대화를 잘하는 방법 대신 대화를 단절시키는 방법을 배우는 건 어떨까? 평상시에 쓰던 말이니 조금만 배워도 입에 착착 붙지 않을까?

사춘기 자녀와 대화를 단절하고 멀어지는 방법은 매우 다양하다. 부모에게도 익숙한 방식이고, 이미 일상에서 실천하고 있는 것들이라 쉽게 적용할 수 있다.

첫째, 부모의 공을 내세우는 것이다. "너 가르치려고 엄마 아빠가 힘들게 일하는 거야", "너 맛있는 거 먹이려고 엄마 아빠는 먹고 싶은 것도 참으면서 아끼고 있어"와 같은 말들을 자주 하면 된다.

둘째, '라떼는'을 잊지 말자. 너무 많은 정보가 차고 넘치는 시대이지만 부모들이 '라떼는'에 갇혀 정보에 가장 빠르게 반응하고 유행에 민감한 사춘기 자녀 앞에서 20~30년 전 케케묵은 얘기를 거들먹거리면 얘기가 절대 안 통한다.

셋째, 자녀를 인정하지 말라. 자녀가 이루어 낸 성과를 단순한 우연의 결과로 치부하고, 자녀의 역량을 인정하지 말아야 한다. 자녀 스스로 이루어 낼 수 있는 것은 없으며 부모의 도움이 있어야 가능하다는 메시지를 계속 전하는 것도 방법이다.

넷째, 자녀를 이겨 먹어라. 자녀에게 경쟁의식을 갖고 자녀가 성공하면 질투하고 자녀가 실패하면 즐거워해라. 자녀가 성공 경험을 부모에게 이야기하면 공감하지 말고 "나는 너보다 훨씬 잘했어. 나는 어떻게 했는지 알아?"라며 자기 이야기를 늘어놓는 것이다.

다섯째, 부모의 가치관을 강요하라. 사춘기 자녀는 자아정체성이 형성되는 시기로 자기만의 가치판단 기준을 세워나가는 중이다. 이때 부모의 가치관을 강요하고, 강제하면 사춘기 자녀와 대화가 단절되는 건 식은 죽 먹기이다. 자녀의 생각이나 행동의 이유 따위는 절대 묻지 말고 부모의 기준에서 옳고, 그름을 판단해서 법정에서 판결하듯이 결정하면 사춘기 자녀는 절대입을 열지 않을 것이다.

여섯째, 강요하고 지시하라. 자녀의 의사와 상관없이 부모가시키고 싶은 일을 강요하고 지시하는 것이다. 명령어를 사용하여 자녀가 자기 자신을 무능력하게 느끼게 되고, 부모에게 적대심을 갖게 되면 대화는 단절될 수 있다.

"엄마는 거짓말하는 사람이 세상에서 제일 싫어"
"한번 말하면 안 듣고 몇 번을 말하게 하는 거야?"
"그게 말이 되는 소리야? 논리적인 척 하지 마!"
"어른이 얘기하면 조용히 하고 먼저 들어"
"그냥 하라면 하면 되지!"
"엄마가 알려주는 대로만 하면 다 해결돼"

준호에게 자주 하던 말이다. 이 말은 자녀를 성숙한 인간으로 존중하지 않고 부모보다 미숙한 존재임을 전제하는 차별의 말이다. 부모인 내가 아직 어린 너보다 많이 알고, 옳으니 내가 하는 말을 들어야 한다는 강압성도 있다. 이런 말은 뭐라고 대꾸해야 할지 알 수 없으므로 대화를 단절시킨다. 강압적이고 무시하는 듯한 이 말들은 독립성과 자아가 생기기 시작한 사춘기 자녀에게는 극약과 같은 말이다.

"안 할 거야?", "안 갈 거야?", "안 잘 거야?" 이 말들은 어떤가? "그 일을 하지 않을 거냐?"는 뜻으로, 어떤 행동이나 선택에 대한 의사를 묻는 표현이다. 하지만 부모가 자녀에게 이 말을 했을 때 선택의 의사를 묻는 거라고 받아들이는 자녀는 많지 않을 것이다. 왜냐하면 첫째, "왜 아직도 안 해? 안 할 거야?"라는 재촉하거나 압박하는 의도가 내포되어 있기 때문이다. 하지 않는 것에 대한 은근한 불만, 강요, 잔소리가 담긴 말로 예를 들면 자녀가 숙제를 안 하고 있을 때 부모가 자주 하는 말이다. 두 번째, "안 할 거야?"에는 "해보라고 했잖아."라는 의미로 자녀의 행동의지를 시험하거나 반박하는 의도가 담겨있다. 세 번째는 부모가 원하는 행동을 유도하려는 압박으로 느끼기 때문이다. 실제 그 행동을 하지 말라는 게 아니라, 사실은 하길 바라는 경우가 대부분이다. 네 번째는 자녀가 그 행동을 할 것이라 기대하고 있었는데 안 하는 것에 대한 불만이나 실망의 감정이 표출되는 말이기 때문이다. "안 할 거야?"라는 말은 겉으로는 질문 같지만, 실제로는 '해라'라는 의도가 숨어 있는 경우가 많아서 자녀에게는 반발심을 불러일으킨다.

"알았지?"라는 부모의 말에 "아니요.", "모르겠는데요"라고 답하는 자녀는 많지 않다. 대부분 "네"라고 대답하지만 진짜로 부모의 말을 알아들어서는 아니다. "네"라고 하지 않으면 부모의 잔소리가 끝나지 않으니 상황을 빨리 종료하고 싶은 자녀는 "네"라고 답할 수밖에 없다. 부모도 그 말이 자녀가 완전히 부모의 말을 이해하고 동의해서 하는 대답이라고 생각하지 않는다. 그렇다면 서로 의미 없는 질문과 답을 왜 하는 것일까? 부모가 자녀 위에 군림하고 싶은 욕구 때문이다. 자녀가 부모가 요구한 행동을 하고, 안 하고 와 상관없이 지금 상황에서 자녀가 굴복함으로써 부모가 자녀 위에 군림함을 확인시키는 과정일 뿐이다. 자녀가 진심으로 이해하고 수용했는지 살피지 않으면 대화는 이어질 수 없다. 자녀에게 부모가 왜 그런 말을 했는지에 대해 솔직하고 구체적으로 이야기하는 게 더 효과적이다.

"너한테 들어가는 학원비가 얼만데, 이러고 있어? 그럴 거면 때려치워."
"이해가 안 돼? 유치원부터 다시 다녀야겠네"
"머리는 장식이냐?"
"사람과 짐승의 차이는 생각한다는 건데, 넌 아직 사람은 안 됐나 보다."
"생각 좀 하고 말해"
"시끄러"

초, 중등 자녀를 키우는 부모들이 자녀에게 자주 하는 말이다. 자녀에게 상처가 되는 말인 줄 알지만 나도 모르게 튀어나오는 말이기도 하다. 부모들은 자녀가 스스로 자기주도학습을 하고, 성인처럼 생각하기를 자기도 모르게 기대하고 있다. 부모조차도 모르는 게 많고 주말이면 자기 계발보다 침대와 한 몸이 되어 휴대폰을 끼고 살면서도 자녀에게는 자기가 하지 못하는 것들을 기대하다 보니 자녀를 인격적으로 모욕하는 말이 튀어나온다.

얼마 전 준호가 학원 숙제를 계속 안 해갔던 것을 알게 됐다. 숙제 다 했냐고 물어보면 표정 하나 변하지 않고 다 했다고 했던 모습이 떠오르며 배신감에, 준호에게 모진 말을 퍼부었다. 속상한 마음에 남편과 이야기를 나누다 중학생 때 나의 모습이 떠올랐는데 준호보다 더하면 더했지, 못하지는 않았던 게 생각났다. 밥 먹듯이 학원 수업을 빼먹고, 숙제를 한 기억은 거의 없었다. 학원 선생님과 개인 면담을 얼마나 자주 했는지 나중에는 너무 친해졌던 기억이 난다. 누구나 겪는 성장 과정인데 부모의 조급한 마음이 자녀에게 상처를 주고 있는 것은 아닌지, 30년 전의 자기 모습을 돌아보며 생각해 봐야 한다.

모든 부모는 자녀가 만만치 않은 이 세상에서 잘 살아가기를 바란다. 그래서 여러 가지 바람을 말하지만, 표현이 서툴고 가끔은 강압적이고, 지시적인 말투가 관계를 어렵게 만들기도 한다. 자녀를 키우며 자녀로 인해 즐겁고 행복하기만 하리라는 비현실적인 기대를 안고 자녀를 대해왔다면 실망감과 배신감에 더 아픈 말로 자녀를 자극하고 있을 것이다. 부모로서 자녀를 잘 키워내고 싶은 기대가 생각대로 되지 않을 때 부모의 정체성 또한 흔들린다. 부모가 흔들리면 부모의 말도 흔들리며 방향을 찾지 못한다. 가장 쉬운 길인 상처 주는 말로 방향을 찾아갈 가능성이 크다. 내면의 상처는 눈에 보이지 않아 얼마나 아픈지 인식하지 못하는 경우가 많다. 사랑하는 부모의 칼 같은 말이 자녀에게 상처를 입히고 있다는 것을 인지해야 한다. 켜켜이 쌓여간 상처는 자녀에게 정서적 상처로 남을 것이다.

자녀의 자아 가치를 무시하는 비존중 메시지

사춘기는 정체성을 형성하고 자율성을 확립하는 시기이며 동시에 정서적으로 민감하고, 부모의 말을 통해 자기 존재 가치를 확인하고 싶어 한다. 이 때문에 부모의 무심한 한마디에도 자녀는 존재 자체를 부정 받는 듯한 상처로 느낄 수 있다. 사춘기 자녀와의 대화에서 부모가 주의해야 할 것은 비존중 메시지, 즉 자녀의 가치를 깎아내리거나 마음을 꺾는 표현이다. 이런 말은 자녀가 사랑받지 못한다고 느끼게 하고, 대화의 단절로 이어질 수 있다. 존중을 잃은 말은 자존감을 낮추고, 부모와의 신뢰를 무너뜨리며, 반발과 무력감을 키우고, 건강한 정체성 확립을 방해한다. 비존중 메시지는 단순한 잔소리가 아니라 자녀의 성장 과정 전체에 부정적 영향을 주는 언어이다. 성적이 잘 안 나왔을 때 자녀를 위로하기보다 "너는 왜 이렇게 못해?"라고 하거나, 자녀의 태도가 마음에 들지 않을 때 "거봐, 넌 그렇게 게으르다니까.", "네 친구는 잘만 하는데 넌 왜 그래?"라는 말이 대표적인 비존중 메시지이다. 자녀가 힘들다고 할 때 "그게 힘들어? 별것도 아닌데."라며 자녀의 감정을 무시하거나 "넌 그렇게 해서 뭐가 되겠니?"라며 자녀의 미래를 부정하는 말은 자녀의 자아 가치를 훼손시켜 건강하게 성장하지 못하게 한다.

비존중 메시지는 자녀의 일상에서 일어나는 일의 중요성을 간과하며 자녀가 스스로 해결할 수 있다는 가능성을 부인한다. 내속으로 낳은 자식이니 내가 가장 잘 안다는 한국 부모들의 잘못된 인식이 비존중 메시지를 확산시킨다. 자녀는 부모와 독립된 개별 인격체이다. 자녀의 성장 가능성을 부모라는 이유로 무시해서는 안 된다. 얼마 전 숙제를 할 때만 되면 온몸으로 불평을 드러내는 준호를 보며 결국 폭발했다.

"너, 그럴 거면 공부 때려치워. 공부하기 싫으면 하지 마. 중학교는 의무교육이니까 거기까지만 다니고 학교도 다니지 말고 일이나 해"

"아니, 숙제가 너무 어렵단 말이야. 모르는 건데 선생님이 무조건 풀라고 하시잖아"

"네가 할 수 있는 건데 하기 싫어서 생각을 안 하니까 그렇지!"

"진짜 모르겠다니까"

"저 봐, 생각도 안 하고 모르겠다고 하는 거 내가 모르는 줄 알아? 그런 식으로 뭘 하겠어"

준호의 상황을 정확히 확인하지도 않고 '넌 어차피 숙제할 의지가 없는 애'라는 비존중 메시지를 마구 쏟아냈다. 이런 일이 반복되면 준호는 자기 자신을 믿지 못하고 새로운 일에 도전하거나 꾸준히 어떤 일을 해내는 것을 포기하게 될 것이다. 자녀가 그렇게 되기를 바란다면 비존중 메시지를 추천한다.

비존중 메시지는 말로만 전달할 수 있는 것이 아니다. 비언어적 행동으로도 전달할 수 있다. 자녀가 어떤 일에 실패해서 좌절한 상태인데 부모가 웃어버린다면 비언어적 메시지로 자녀의 자아 가치를 훼손한 것이다. 사춘기 자녀는 부모의 말뿐 아니라 표정, 몸짓, 목소리 톤 등 비언어적 신호에도 매우 민감하다. 부모가 의도하지 않아도 무심코 보내는 비언어적 행동은 언어보다 강하게 자녀에게 비존중 메시지로 전달될 수 있다. 특히 사춘기 자녀는 부모의 표정, 몸짓, 목소리를 통해 자신의 가치를 평가하며, 비존중 메시지는 자존감과 부모 신뢰를 크게 흔든다. 따라서 부모는 언어적 표현뿐 아니라 비언어적 행동까지도 존중과 공감을 담아야 한다.

# 비언어적 행동이 전하는 비존중 메시지

분류	비언어적 행동이 전하는 메시지
표정과 시선	눈 흘기기: "너의 말은 중요하지 않다"는 메시지 한숨 쉬기: '너 때문에 힘들다'는 부정적 메시지 눈 마주치지 않기: 무시하거나 관심 없다는 메시지 얼굴 찌푸리기: 상황이 마음에 들지 않는다는 메시지
몸짓과 태도	팔짱 끼기: 닫힌 태도로 대화할 마음이 없다는 메시지 고개 절레절레: 자녀의 의견에 동의하지 않는다는 메시지 자녀 쪽으로 몸을 돌리지 않음: 듣지 않겠다는 메시지 자녀의 말에 딴짓하기: 말보다 행동으로 무시하는 메시지
목소리 톤과 억양	비꼬거나 냉소적 어투: 자녀 감정을 폄하하는 메시지 딱딱하고 단호한 목소리: 지시, 명령의 메시지 무성의한 반응: 관심 없다는 메시지
행동과 태도	대화 중 휴대폰 보기: 말보다 다른 것이 우선이라는 메시지 침묵으로 일관: 무시와 무관심의 메시지 자리 피하기, 문 닫고 나가기: 자녀 감정을 차단하는 메시지 비웃거나 고개 흔들기: 의견을 존중하지 않는 메시지

비존중 메시지는 생각보다 일상적으로 이루어지고 있다. 마트에서 자녀가 사고 싶은 것을 골랐는데 부모 마음에 들지 않으면 "정말 그거 살 거야? 잘 생각해 보고 결정해"라는 말. 사춘기 자녀가 낯선 사람들 앞에서 우물쭈물하면 "무슨 애가 이렇게 숫기가 없어"라며 웃음거리로 만드는 말. "이게 최선을 다한 거야?"와 같은 말이 비존중적 메시지이다. 자아 정체감을 형성해 가는 사춘기 시기에 이런 메시지를 받으면 자녀의 내면에 자기 비난,

불안정감, 자기희생 의식을 형성하게 된다.

자녀와 진정한 소통을 하고 싶다면 낙인찍는 말 대신 상황을 관찰하고 공감해 주어야 한다. 비교와 비난 대신 격려와 지지를 보내고, 감정을 무시하는 게 아니라 감정을 인정해 주어야 한다. 결과만 강조하는 게 아니라 과정과 노력을 인정하며 존중과 인정의 언어로 대화해야 한다. 자녀의 감정을 무시하지 말고, 존재와 경험을 인정하는 태도가 필요하다. 부모의 언어는 정체성 형성과 자율성 발달을 지지하는 도구가 되어야 한다.

비존중 메시지를 사용하지 않기 위해서는 부모의 사고 유형을 인식하는 것이 중요하다. 살면서 마주하는 문제를 인정하는지, 자신의 문제해결 능력을 신뢰하는지, 자기 자신에게 비판적인지, 문제가 생겼을 때 다른 사람의 탓을 하는지 생각해 봐야 한다. 부모가 자신에게 닥친 문제를 어떻게 인식하고, 어떤 태도로 해결하는지가 자녀에게도 적용된다. 비존중 메시지는 의도해서가 아니라 내 안의 깊숙한 곳에 있던 문제에 대한 태도가 자동으로 나오는 것이기 때문이다. 부모가 자신의 사고 유형을 인식하고 긍정적 형태로 전환한다면 자녀에게 전하는 비존중 메시지도 줄어들 것이다.

사춘기 자녀와 대화의 끈을 놓고 싶지 않다면 금지어, 명령어를 줄여야 한다. "이건 하지 마!", "안돼", "그렇게 하면 안 돼", "그만 놀고 공부해", "그만해", "숙제해", "숙제 다 하면 밥 먹어", "방 정리해" 등과 같은 말들을 들으면 기분이 어떤가? 공부하려다가도 엄마가 공부하라고 하면 책을 덮는 게 사춘기이다. 금지어와 명령어는 사춘기 자녀의 발작 버튼이라고 생각하면 된다. 사춘기 자녀에게는 긍정어를 사용해야 그나마 대화의 명맥을 이어갈 수 있다. 한 마디 한 마디, 부모의 정성이 모이면 사춘기 자녀는 단답형이라도 대답을 해줄 것이다.

사실 우리 아이들이 가장 두려운 것은 부모로부터 버림받을지도 모른다는 것이다. 버림받는다는 것은 실제로 버려질 거라는 의미보다 정서적 의미가 크다. 부모의 말 한마디에 좌절하고 기대하고 기뻐지는 것은 부모에게 인정과 사랑을 기대하기 때문이다. 부모는 홧김에, 기분에 따라 대수롭지 않게 하는 말들이 자녀에게는 불안을 일으킬 수 있다는 것을 기억하자.

대화를 잘하는 방법이 쉽게 익숙해지지 않는다면 평소 입 밖으로 뱉었다가 역효과만 불러일으킨 대화법을 떠올려 보고 잘 기억했다가 자녀와 대화할 때 그것만은 제외하고 말해보자. 자녀의 기분을 상하게 하는 말만 하지 않아도 대화를 시작할 수 있다.

5

무조건 통하는 대화법

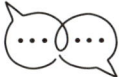

충돌을 피하는 대화법

사춘기 자녀와 대화하다 보면 욱하는 순간이 필연코 찾아오기 마련이다. 그때가 가장 중요한 순간이다. 그 순간을 어떻게 넘기느냐에 따라 자녀와 관계가 달라진다. 찰나와 같은 순간에는 본연의 내 모습이 튀어나오기 때문에 어떤 태도로 자녀와의 대화에 임할 것인지 결정해서 평소에 연습해 두는 것이 필요하다. 사춘기 자녀와 대화할 때 대체로 욱하게 되는 이유는 태도의 문제이다. 부모의 말을 흘려듣거나, 대답조차 하지 않거나, 시비 거는 투로 말하는 등의 태도가 감정을 건드리는 것이다. 그럴 때 부모의 감정을 표출하여 자기 욕구를 채울 것인지, 감정을 자제하여 자녀의 욕구를 채워줄 것인지 결정해야 한다.

　사춘기 자녀와 충돌을 줄이기 위해 감정을 자제하고 대응하기로 했다면 가장 중요한 것은 부모의 감정적 대응을 자제하는 것이다. 사춘기 자녀와 대화할 때 마음속 깊은 곳에서 치밀어오르는 그 무엇을 아예 없앨 수는 없지만 조절할 수는 있다. 우리 감정과 태도는 우리의 의지대로 조절할 수 있음을 기억하자. 자녀와 감정적 충돌이 생겨 태도로 드러날 것 같으면 한 템포 쉬어가자. "우리 조금 뒤에 다시 얘기하자. 서로 생각할 시간이 필요한 것 같아", "엄마가 지금 감정 정리가 되지 않아서 나중에 얘기했으면 좋겠어.", "지금 서로 생각이 맞지 않는데 다른 방법을 생각해 보고 다시 얘기하는 게 어때?"라고 제안하고 감정을 가라앉힐 시간을 확보하는 게 중요하다.

　부모가 감정에 휘말려 자녀를 탓하거나 비난하는 말을 하면 자녀는 자신을 지키기 위해 공격적인 말로 되받아친다. 화나고 불편한 감정이 생기면 말로 뱉어내지 말고 감정을 분리하는 것이 그래서 중요하다. 사춘기에는 특히 객관적 판단이 아닌 자기 중심적 판단에 따라 직설적으로 말하기 때문에 부모와 자녀 모두의 마음을 돌보고 보호하기 위해 한 템포 쉬어가는 것이 매우 중요하다. 그래야 다음 대화가 가능해진다.

　감정이 정리되었다면 자녀와 대화를 시작할 차례이다. 막상 감정이 가라앉고 나면 '어차피 얘기해봤자 또 싸울 텐데 괜히 분란 만들지 말자', '얘기해봤자 소용없을 텐데 관두자' 같은 생각이 스멀스멀 올라온다. 자녀와 불편한 얘기를 회피하고 싶어지는 것이다. 그런 결정을 한다면 당장의 갈등이나 불편한 상황을 피할 수 있으나 자녀의 행동이 나아지지는 않을 것이다. 부모 또한 문제상황이 생기면 회피로 해결할 가능성이 커진다. 피하지 말고 부딪히자. 부모와의 대화를 통해 자녀가 폭력적인 말이나 행동이 아니더라도 이견을 조율할 수 있음을 반복적으로 경험하게 해야 한다. 자녀는 자연스럽게 대화로 더 나은 방법을 찾을 수 있음을 깨닫게 될 것이다.

준호는 금방 화르르 타오르는 성향인데 그때 붙으면 서로에게 상처만 남긴다. 엄마인 나도 만만치 않다 보니 서로에게 감정적으로 대응하기 때문이다. 물론 더 큰 상처는 준호가 받지만 말이다. 준호의 강점 중 하나는 금방 감정을 갈무리하고 잊는다는 것이다. 한판하고 나면 조금 뒤에 슬그머니 다가와 "엄마, 아까 미안해. 내가 너무 감정적으로 말한 것 같아. 화가 나서 그랬어"라며 먼저 사과하고 화해의 손을 내민다. 속좁은 엄마는 아직 감정이 풀리지 않았는데 체면상 그렇게 말할 수도 없어 엉겁결에 상황을 마무리 짓는다. 준호와 부딪힐 상황이 생기면 준호의 강점을 믿고 상황을 미뤄보기로 했다. "지금은 엄마가 얘기할 상황이 아니니까 조금 뒤에 다시 말하자"라고 한 템포 쉬어가기를 적용했다. 시간이 조금 흐른 뒤 나의 감정도 정리되고, 준호의 감정도 가라앉아 대화를 원활히 이어갈 수 있었다. 준호의 강점이 빛을 발한 순간이기도 하다.

한 템포 쉰 뒤 자녀와 대화를 시작할 때는 먼저 상황을 파악해야 한다. 문제를 둘러싼 상황을 이해해야 해결책을 찾을 수 있다. 그리고 나서는 자녀가 어떻게 문제를 해결하려고 하는지 확인해야 한다. 부모의 방식을 먼저 제안하면 자녀가 생각할 기회가 없어지고, 부모가 강요한다고 느낄 수 있다. 자녀가 생각한 방법을 먼저 듣고 공감해 줘야 한다. 그 뒤에 부모의 의견을 덧붙이면 자녀도 귀를 기울일 것이다.

긍정 대화를 생활화하기

사춘기는 단순히 성장의 한 과정이 아니라, 아동에서 성인으로 옮겨가는 중요한 전환기이다. 이 시기 아이들은 신체적으로 성숙해지면서 동시에 정서적 불안정과 사회적 혼란을 경험한다. 부모의 역할은 이러한 불안정한 성장 과정에서 자녀가 자기 자신을 긍정적으로 바라보고 건강하게 적응하도록 돕는 것이다. 특히 부모와의 대화 방식은 자녀의 정체성과 관계, 나아가 인생 전반에 걸쳐 깊은 영향을 미친다. 긍정적 대화는 단순히 따뜻한 말 몇 마디가 아니라 자녀의 내면에 긍정씨앗을 심는 것이다. 그 씨앗은 자존감, 감정 조절 능력, 신뢰, 사회적 기술, 건강한 선택으로 자라난다.

긍정 대화는 사춘기 자녀의 자아존중감을 형성하는 힘이 된다. 사춘기 자녀는 끊임없이 자신에게 '나는 누구인가?', '나는 어떤 사람으로 살아가야 하는가?'를 질문한다. 이 과정에서 부모의 말은 자녀가 자기 자신을 평가하는 기준이 된다. 만약 부모가 끊임없이 비교하거나 부족한 점만 지적한다면, 자녀는 자신을 무가치한 존재로 인식하게 된다. 반대로 작은 성취라도 인정해주고 "넌 할 수 있어", "너는 많은 가능성이 있어"라는 긍정적 메시지를 들은 자녀는 자신에 대한 건강한 확신을 갖게 된다. 자아존중감은 단순히 기분 좋은 감정이 아니라, 삶을 살아가는 기본 태도이다. 긍정적인 대화는 자녀가 실패와 어려움 속에서도 스스로를 존중하며 성장하는 힘을 길러준다.

또한, 긍정 대화는 감정조절을 배우는 기회가 된다. 사춘기 뇌는 아직 미성숙하다. 전두엽이 충분히 발달하지 않았기 때문에 충동이 강하고 감정을 극단적으로 표현하기도 한다. 이때 부모가 부정적이고 억압적으로 반응한다면 자녀는 감정을 억누르거나 폭발적으로 분출하는 방식을 습관화한다. 하지만 부모가 차분하게 "네가 속상했구나", "그렇게 느낄 수도 있겠다"라고 반응하며 긍정적으로 대화한다면, 자녀는 감정을 표현하는 안전한 방법을 배우게 된다. 이는 단순한 순간의 위로가 아니라, 장기적으로 감정조절 능력 발달에 기여하는 것이다. 즉, 긍정 대화는 자녀의 정서 발달을 돕는 중요한 학습 과정이다.

긍정 대화는 부모-자녀 간 신뢰를 유지하게 해준다. 사춘기가 되면 자녀는 부모보다는 또래 친구나 외부 환경에 더 많은 영향을 받는다. 이때 부모가 비난과 지적으로 일관한다면 자녀는 대화를 회피하고 마음을 닫아 버린다. 부모가 자녀의 삶에서 점점 더 멀어지는 것이다. 반대로 긍정 대화는 부모가 여전히 안전한 대상임을 확인시켜 준다. 자녀는 고민이나 어려움이 생겼을 때 "부모님께 말하면 혼나지 않고 들어줄 거야"라는 확신을 한다. 이는 사춘기 자녀가 위험한 선택 앞에 섰을 때, 부모와의 신뢰를 기반으로 다시 방향을 잡을 수 있게 돕는 보호 장치가 된다.

긍정 대화는 사회적 기술과 문제해결력의 토대가 된다. 가정은 아이가 처음으로 경험하는 사회이다. 부모와의 대화는 자녀가 사회에서 타인과 소통하는 방식을 배우는 중요한 장이다. 부모가 자녀의 말을 끝까지 들어주고, 존중의 태도로 반응하며, 논리적으로 설명하는 과정을 반복하면, 자녀는 자연스럽게 경청, 자기표현, 협상, 문제해결이라는 사회적 기술을 내면화하게 된다. 이는 친구 관계에서 갈등을 해결하거나, 학업 과정에서 협력하고 토론하는 능력으로 이어진다. 더 나아가 성인이 된 이후 직장이나 사회에서 중요한 대인관계 능력으로 확장된다.

긍정 대화는 위험 행동을 예방할 수 있다. 사춘기는 또래 압력, 스트레스, 호기심으로 인해 위험 행동에 쉽게 노출되는 시기이다. 음주, 흡연, 인터넷 중독, 일탈 행동은 모두 이 시기에 빈번하게 나타날 수 있다. 그러나 부모와의 긍정적인 대화 경험은 자녀에게 내적 보호막을 제공한다. 부모와 대화를 통해 존중받고 있다는 감각은 자녀가 자기 자신을 소중히 여기는 힘으로 이어지며, 이는 위험한 선택을 거부할 수 있는 자기 통제력으로 발전

한다. 긍정 대화는 자녀를 지켜주는 가장 현실적이고 강력한 예방책이다.

긍정 대화는 어떻게 실천해야 할까? 먼저 감정을 인정해야 한다. "네가 화가 났구나.", "그렇게 느낄 수 있겠다."와 같은 감정 인정의 말을 통해 아이가 이해받는 경험을 할 때 대화의 문이 열린다. 두 번째, 행동을 비난하지 말고 구체적으로 제안해야 한다. "왜 이렇게 했어?" 대신 "다음에는 이렇게 해보면 어떨까?"라고 말하면 자녀는 비난받는다고 느끼지 않고 부모가 협력한다고 생각한다. 세 번째, 결과보다 과정에 초점을 맞춰야 한다. "성적이 나빠"보다 "네가 시도한 노력이 좋았어"처럼 과정에 초점을 맞추는 것이다. 네 번째, 자녀 스스로 생각할 여지를 남겨야 한다. "왜 그랬어?"와 같은 단정적 질문보다 "어떻게 하면 좋을까?"와 같은 확장형 질문으로 스스로 원인과 해결방안을 생각하게 하는 것이다. 다섯 번째, 작은 성취라도 칭찬해줘야 한다. 인정과 격려가 반복될수록 자녀는 자기 자신을 긍정적으로 바라본다.

사춘기 자녀와의 긍정 대화는 단순히 따뜻한 말이 아니라, 자녀의 삶 전반에 영향을 미치는 결정적인 힘이다. 그것은 자존감을 세우고, 감정을 다스리는 법을 가르친다. 부모와의 신뢰를 지켜주고, 사회적 능력을 길러주며, 위험 행동을 막는 보호 장치가 된다. 부모의 긍정적인 말 한마디는 오늘의 자녀를 위로할 뿐 아니라, 내일의 자녀를 지탱하는 힘이 된다. '고생했어, 힘들지?',

'잘했어. 이 정도면 아주 잘한 거야', '넌 잘할 수 있어'. '네가 최선을 다했으면 된거야', '잘하고 있어' 와 같은 말을 일상적으로 건네자. 부모의 대화는 곧 자녀의 미래를 만드는 중요한 열쇠임을 잊지 말아야 한다.

 ## 부정적 대화를 긍정적 대화로 바꾼 예

부정적 대화	긍정적 대화
"넌 왜 이렇게 공부를 대충 하니? 성적이 이래서 어떻게 하려고 해?"	"이번 시험이 네가 기대한 만큼 안 나와서 속상하구나. 그래도 네가 노력한 부분은 분명히 있었어. 다음에 어떤 방법으로 하면 더 나을지 같이 생각해 볼까?"
"맨날 방이 이 모양이야. 도대체 언제 철들래?"	"방을 정리하면 네가 좀 더 편하게 지낼 수 있을 것 같아. 지금 10분만 투자해서 같이 정리해볼까?"
"네가 잘못했으니까 친구가 화낸 거지. 네 태도부터 고쳐!"	"친구랑 다퉈서 속상했겠구나. 너로서는 어떤 부분이 힘들었어? 그럼 친구 입장에서는 어떻게 느꼈을까?"
"그런 직업은 돈도 안 되고, 먹고 살기 힘들어."	"네가 그 분야에 흥미가 있구나. 어떤 점이 가장 재미있어 보여? 혹시 그걸 직업으로 삼으려면 어떤 준비가 필요할까?"

독립의 터널을
지나고 있는 사춘기,
이해하면 쉽다

1

성장의 필수 관문 사춘기, 이해하면 쉽다

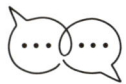

마음의 소용돌이에 빠진 사춘기

사춘기 자녀와 대화다운 대화를 하려면 먼저 사춘기 특성을 알아야 한다. 사춘기는 뇌의 미성숙, 호르몬의 영향 등으로 자기 의지와 상관없이 두드러지는 특성이 있다. 자기 의지와 상관없이 뇌의 명령에 따라 먼저 반응하는 말과 행동이 사춘기인 그들도 적응이 안 되고 힘든 상태다. 이런 특성을 알면 사춘기 자녀와의 대화도 마냥 불편하고 어렵지 않다. 사춘기의 특수성을 받아들이고 그에 맞춰 적용한다면 자녀와의 관계를 편안하게 유지할 수 있다. 부모가 그 정도의 노력은 해야 원만한 부모·자녀 관계를 이어갈 수 있다.

먼저 사춘기에는 독립성이 강해진다. 자기 가치가 생기고 생각이 확고해지며 자기 인생의 주인이 되고자 하는 욕구가 생기는 것이다. 이때 다른 사람이 자기 생각과 같든, 다르든 상관없이 일방적으로 이끌고 가면 우선 저항하고 본다. 자기 인생의 주인은 자신인데 다른 사람이 좌지우지하는 것을 용납할 수 없는 것이다. 그러면서 자기 혼자 세상의 모든 일을 해결할 수 있는 것처럼 잘난 척한다. 누가 봐도 혼자 해결할 수 없는 일인데도 절대 능력이라도 갖춘 듯 무모하게 나서기도 한다. 또한, 독립된 개체로서 자의식이 강해지면서 평등을 중요하게 생각하게 된다. 독립성이 강해지며 다른 사람에게 휘둘리고 싶어하지 않기 때문에 부모와 대화가 제대로 이루어지지 않는 것이다. 어린 아이 취급을 하지 않고 부모와 같은 하나의 성숙한 인격체로 대하면 자기 생각을 적극적으로 표현한다. 그때 대화가 시작되는 것이다.

사춘기에는 세상에서 일어나는 많은 일을 부정적으로 바라본다. 특히 사회적 규범이나 규칙은 어른들이 만들어 놓은 귀찮은 일이라고 생각해 지키기를 거부하기도 한다. 학교에 왜 가야 하는지, 공부를 꼭 해야 하는지, 대학은 왜 가야 하는지, 질서는 왜 지켜야 하는지 등등 일상적으로 지켜오던 것들에 의문을 품으며 그것들에 도전한다. 작은 것부터 도전하며 '오~ 이게 되네?', '뭐야~ 별것도 아니네', '역시 나는 대단해. 뭐든 할 수 있어'라는 생각으로 확장되고 부모와 대등해진 기분을 만끽한다. 그런 사춘기 자녀의 모습이 낯설고 당황스럽더라도 그대로의 성취를 인정해주면 자녀와 나눌 이야깃거리는 차곡차곡 쌓여갈 것이다. 부모와 대화하며 자녀는 다른 사람의 말을 경청하는 법, 일상 소재로 대화를 이어가는 법을 배울 수 있다.

사춘기의 정서적 특징 중 큰 변화는 친구관계가 중요해지는 것이다. 사춘기의 사회적 관계는 친구가 거의 유일하다 보니 친구를 자신과 동일시하기도 한다. '친구 따라 강남 간다'는 말처럼 좋은 영향을 주고받는 친구를 만났으면 하는 게 부모의 마음이다. 그렇다고 조급한 마음에 자녀에게 친구에 대해 캐묻고 섣부르게 판단해서는 안 된다. 자녀와 대화가 단절되는 지름길이다. 친구에 대해 작정하고 캐묻기보다 일상적인 대화를 나누다 자연스럽게 슬쩍 친구에 대해 이야기를 나누면 좋다. 자녀가 친하게 지내는 친구를 소중하게 여기면서 휘둘리지 않는 관계가 되도록 부모의 경험을 이야기해주는 것도 도움이 된다.

초등학교를 졸업하며 전교생 중 준호 혼자 유일하게 집에서 거리가 있는 중학교에 배정받았다. 중학교 배정표를 받고 눈물을 글썽였다는 담임선생님의 이야기에 다리가 풀려 주저앉았다. 진학을 희망하는 중학교를 1순위부터 작성하여 컴퓨터 추첨으로 배정하는데, 하필이면 지금 사는 동네에서는 거의 입학한 학생이 없는 중학교에 배정된 것이다. 외향적인 성향이 아니라 자기와 맞는 친구들과만 어울리는 준호의 성향을 생각하면 마른하늘에 날벼락도 이럴 수는 없었다. 대부분 학교 근처에 있는 초등학교에서 진학하다 보니 유일한 이방인인 준호는 무리에 어울리기가 힘들었다. 중학교 입학 후 거의 매일 반 친구와 대화를 해봤는지, 이름을 알게 된 친구가 있는지를 물었다. 어느 날은 준호가 "엄마, 그만 물어봐. 친구가 없을 수도 있는 거잖아. 그게 이상한 거야?"라고 말했을 때는 머리를 한 대 얻어맞은 기분이었다. 내 불안 때문에 준호에게 스트레스를 주고 있었다. 그 뒤로는 친구를 사귀었는지에 대해 질문하지 않으려고 노력했다. 어쩔 수 없이 튀어나오기는 했지만 준호도 이해하는 눈치였다.

어느 날 학교에 책을 챙겨가길래 드디어 애가 정신을 차리고 독서를 하는구나 라는 생각에 "학교에서 독서하려고? 우리 아들 대단하다"라고 기쁜 마음을 표현했더니, "쉬는 시간에 심심해서 책이나 읽으려고"라고 답하는 걸 듣고 어찌나 마음이 아프던지. 할 일이 없어 쉬는 시간에 엎드려 자거나, 숙제를 가져가는 모습을 지켜보는 부모의 마음은 표현하기도 힘들다. 그럴 때는 준호에게 "준호야, 세상 사람들 모두가 친구가 많은 건 아니야. 자기에게 맞는 좋은 친구를 만나는 게 더 중요해. 넌 잘하고 있어"라고 말해줬다. 사실 준호에게가 아니라 나에게 하는 말이었다.

그렇게 3월이 지나고 중학교에 입학한 지 딱 한 달이 되던 날, 별말이 없던 준호가 "엄마 학교 가기 싫어"라고 자기 마음을 토해냈다. 스스로 해결해야 하는 문제이니 도와줄 수 있는 게 없어 가슴이 아프고, 그걸 견뎌내는 준호는 준호대로 아팠다. 혼밥에

도전하는 사람들이 있는 것처럼 사회에서 '혼자'라는 건 누군가에겐 견디기 어려운 일이다. 또래 관계가 중요한 사춘기에는 특히 그렇다. 그 과정을 잘 겪어낸 준호에게 고마운 마음이 크다. 지금은 마음 맞는 친구들을 만나 학교 생활을 잘하고 있다. 결국 아이들은 스스로 해결해 나갈 수 있는 존재이다. 부모의 조급함이 자녀를 더 불안하게 하고, 힘을 잃게 하는 것이다. 부모 스스로의 불안과 힘듦을 버텨내야 자녀가 성장할 수 있다. 자녀와 대화할 때도 마찬가지이다. 어떤 친구를 만나는지, 그 친구랑 어떤 얘기를 하고, 놀이를 하는지 묻기보다 서로에게 좋은 영향을 주고 받는 친구가 되어주도록 알려줘야 한다. 친구에 대해 얘기하는 자녀의 감정을 잘 받아주면 대화도 잘 이루어진다.

아동으로서 해왔던 행동과 성인으로서 해야 하는 행동을 스스로 구별하고 적응해야 하는 과정은 정체성 혼란을 야기한다. 성인으로 성장해가며 스스로에 대해 탐색하고, 자기 정립을 하며 겪는 정서적 혼란은 겪어보지 않으면 알 수 없다. 사회적 변화가 빠른 시대에 사는 사춘기 자녀들은 부모 세대보다 더 큰 혼란을 겪고 있다. 성인으로 독립하고, 자기 주관을 세우고, 사회관계를 넓혀가는 과정을 흔들리지 않고 잘 겪어낼 수 있도록 더 많은 대화를 통해 부모가 도와야 한다.

마음을 읽지 못하는 사춘기

"엄마, 화났어?"

온종일 일에 시달리다 퇴근한 엄마의 얼굴을 본 준호의 첫 마디였다. 피로에 찌든 얼굴을 보고 화가 난 줄 안 것이다.

"엄마, 화났어?"

해결되지 않는 일이 있어 골똘히 고민하는 엄마의 얼굴을 보고 준호가 물어왔다.

"엄마, 화났어?"

고질병인 허리통증이 도져 고통을 참고 있는 엄마를 보고 준호는 화가 났다고 생각했다.

"엄마, 화났어?"

친한 친구에게 안 좋은 일이 생겨 전화통화를 화며 심각한 표정을 짓고 있는 엄마에게 물어오는 준호의 질문이다. 누가 들으면 매일 화만 내는 사람인 줄 알겠다. 이쯤 되면 일부러 저러는 건가 싶기도 하다. 뭐만 하면 '화났냐'고 물어오는 통에 진지하게 고민이 됐다. 내가 너무 화를 많이 냈나, 아니면 준호가 감정 단어를 잘 몰라서일까. 이유는 사춘기 청소년은 성인보다 표정을 정확히 읽지 못해서이다.

사춘기 청소년의 하루는 끊임없이 변화하는 감정의 파도 위를 걷는 것과 유사하다. 친구와의 대화, 부모의 미묘한 표정, 교실에서 스쳐 지나가는 선생님의 눈빛까지, 그 모든 신호는 청소년의 마음속에서 해석되어야 한다. 하지만 이 과정은 결코 쉽지 않다. 연구에 따르면, 청소년은 성인보다 표정을 정확히 읽는 능력이 제한적이다 Baird et al., 1999 . 예를 들어, 친구가 두려움에 찬 눈빛을 보일 때 사춘기 청소년은 이를 곧바로 이해하지 못하고, '분노'나 '혼란', 심지어 '무관심'으로 오해할 수 있다. 슬픔을 담은 얼굴을 보더라도, 때로는 웃는 표정과 혼동하기도 한다. 이런 순간마다 사춘기의 뇌 속에서는 작은 신호들이 복잡하게 뒤엉킨다.

맥린병원과 하버드 의대 연구진은 사춘기 청소년의 표정 인식을 뇌영상으로 살펴보았다. 그 결과, 표정을 해석할 때 편도체가 활발히 반응하는 것으로 나타났다 Yurgelun-Todd, 2007 . 편도체는 공포나 위협에 즉각 반응하는 부위로, 순간적으로 감정을 감지하는데 뛰어나지만, 상황을 종합적으로 판단하고 맥락 속 의미를 해석하는 기능은 미흡하다. 반면 성인은 같은 얼굴을 볼 때 전전두엽을 더 많이 사용하며, 표정 속 미묘한 감정까지 파악할 수 있다.

사회불안이 높은 청소년은 이런 경향이 더욱 두드러진다. 두려운 얼굴을 볼 때 편도체가 강하게 반응하고, 순간적으로 불안과 긴장이 올라간다 Killgore & Yurgelun-Todd, 2005 . 심지어 눈 깜빡할 정도로 짧게 제시된 표정에도 청소년의 뇌는 민감하게 반응하며, 본능적으로 감정을 포착하려 한다 Killgore & Yurgelun-Todd, 2007 . 사춘기 청소년의 전전두엽은 아직 발달 중이다. 그래서 그들은 표정을 단순히 '느낌'으로 받아들이는 경향이 강하며, 그 결과 타인의 감정을 정확히 읽는 능력은 서서히 성숙된다. 나이가 들면서 점차 전전두엽이 힘을 발휘하고, 청소년은 감정의 뉘앙스를 더 정교하게 이해하게 된다.

부모나 교사는 이 과정을 이해하는 것이 중요하다. 사춘기 청소년이 표정을 오해한다고 해서 그것이 반항이나 무례 때문은 아니다. 유르겔룬-토드 박사는, 표정만으로 감정을 전달하기보다는 말과 행동으로 의도를 보강해야 한다고 조언한다PBS FRONTLINE, 2002. 예를 들어, 부모가 웃으며 "오늘 너의 노력이 정말 대단했어"라고 말하면, 청소년은 표정과 언어를 함께 받아들여 올바른 감정을 이해할 수 있다.

결국 청소년의 표정 이해 능력은 뇌 발달, 감정 상태, 사회적 경험이 뒤섞인 과정이다. 그들은 실수를 반복하며 배우고, 부모와 교사의 적절한 안내를 통해 타인의 감정을 정확히 읽고 이해하는 능력을 점차 키워나간다. 이 여정 속에서 사춘기 청소년은 단순히 감정을 읽는 것을 넘어, 건강한 관계를 맺고 사회적 신뢰를 쌓아가는 법을 배우게 된다.

하루가 다르게 변하는 몸, 사춘기

아들 엄마들끼리 만난 자리에서 자주 오르내리는 화두는 집 안에서 아들의 의복 상태이다. 남매인 경우는 대체로 옷을 걸치고 있고, 아들만 있는 경우는 옷을 잘 안 입는 경우가 많았다. 샤워하고 나서 자연 상태 그대로 나오고, 덥다고 속옷만 입고 돌아다니는 아들을 보며 엄마들은 질색하지만, 자신의 성장 상태를 정확히 인식하지 못하는 아들은 '뭐가 어떠냐'는 식으로 반응한다. 여전히 귀엽다며 두둔하는 아빠의 영향도 있으리라. 2차 성징이 시작되어 아동기와 확연히 달라진 몸의 상태를 인식하지 못하는 것은 급격한 변화 때문이다. 어떤 아이들은 자기 몸의 변화를 예민하게 받아들이고 두려워하기도 한다. 신체의 변화를 자연스러운 과정으로 자녀에게 설명하는 것은 성인으로 성장하는 과정에서 중요하다. 성별이 다른 부모는 사춘기 자녀의 신체변화를 설명해주고 자녀의 적응을 돕기는 한계가 있기 때문에 동성 부모의 역할이 중요하다. 부모가 어렸을 때 겪은 변화와 경험을 이야기해주며 지금 일어나는 일이 특별한 일이 아니라 어른이 되어가는 과정이라는 것을 자연스럽게 받아들이게 해야 한다.

사춘기는 아동기에서 성인기로 넘어가는 관문으로, 신체적으로 가장 급격한 변화가 나타나는 시기이다. 이 시기의 몸은 단순히 크기만 자라는 것이 아니라, 형태와 기능, 내적 균형까지 총체적으로 재구성된다. 이러한 신체 발달은 청소년의 정체감, 자아존중감, 사회적 관계에까지 영향을 미친다. 준호가 중학교 1학년 말이 되자 교복과 체육복은 딱 맞다 못해 터질 듯한 핏을 자랑하고 있었다. 중학교 1학년에 입학하는 아들의 교복을 팔,

다리 길이며 통까지 누가 봐도 딱 떨어지는 예쁜 핏으로 맞춰온 아빠와 아들을 떠올리며 둘만 보낸 내 탓이라 생각하며 화를 삭였다. 결국 체육복 동복, 하복, 교복 바지까지 다시 주문해야 하는 사태를 불러일으킨 건 딱 맞게 맞춘 것도 원인이지만 준호가 급격하게 성장했기 때문이다. 중학교 2학년 여자아이는 초경 이후 체중이 늘고 허벅지가 굵어지자, 친구들과 비교하며 살이 쪘다고 자기 외모에 불만이 생기고 불안해했다. 엄마가 "네 몸은 어른이 되어 가는 과정이어서 변화를 겪는거야. 지금 변화는 건강하게 성장하고 있다는 증거야."라고 말해주자, 아이는 안도감을 느끼고 외모에 대한 부정적 생각에서 벗어났다. 급격한 변화를 겪는 사춘기 자녀가 신체의 변화를 인식하고 받아들이게 부모가 도와야 한다.

사춘기의 특징 중 하나는 목소리와 체취의 변화이다. 남자는 성대와 후두가 커지면서 목소리가 굵어지고, 여자 역시 말투의 톤에 미묘한 변화가 생긴다. 동시에 피지선과 땀샘의 활동이 왕성해져 체취와 여드름이 나타난다. 이러한 변화는 청소년들에게 민감한 사회적 신호로 작용하며, 또래 관계에서 민망함이나 자신감의 요인이 되기도 한다 Dorn & Biro, 2011. 사춘기 아이들이 하루가 다르게 변해가는 신체적 변화를 현실적으로 인식하고 받아들이는 것은 그들의 과제이다. 외모에 관심이 커지는 시기이기 때문에 키, 여드름, 피부, 체중 등의 변화를 긍정적으로 받아들이지 못하면 심리적으로 위축될 수 있다.

특히 사춘기에는 발바닥에 코 박고 맡던 아기 냄새가 아닌 피하고 싶은 체취가 나기 시작한다. 어떤 아들 엄마는 아들에게 방문을 절대 열어놓지 말라고 엄포를 놨다고도 한다. 후각이 발달한 나도 말로 설명하기 어렵지만, 사춘기 자녀가 있는 부모는 누구나 아는 그 냄새가 너무 힘들었다. 호텔 같은 다중이용업소에 설치하는 자동 방향제를 아들 방문 앞에 설치하기도 하고, 온갖 방향제를 아들 방에 놓기도 했다. 하지만 그렇게 가려질 문제라면 왜 문제가 됐겠는가. 결국 정면 돌파를 시도했다. 준호에게 "준호야, 사춘기가 되면 호르몬의 영향으로 몸에서 냄새가 나게 되어 있어. 샤워를 잘하고 옷을 자주 갈아입으면 조금 나아지지만, 아예 안 나지는 않아. 그러니 네가 더 관리를 잘해야 해"라고 말해주었다. 처음엔 펄쩍 뛰며 자존심 상해하고 기분 나빠하던 준호는 자기를 비난하거나 창피를 주려고 하는 말이 아니라는 것을 알고는 스스로 관리하기 시작했다. 가끔 직설적인 엄마가 "준호야, 너 냄새 나"라고 말해도 상처받지 않고 바로 조치한다. 빠른 조치 덕에 물론 집에 섬유향수가 남아나지 않지만 말이다.

사춘기 자녀는 부모 때와는 다르게 많은 정보를 갖고 있고, 활용할 줄 안다. 자신들이 사춘기라는 것도, 사춘기의 특성도 부모보다 잘 알고 있어서 이를 활용하기도 한다. 그래서 부모가 더 많이 배우고 공부해야 한다. 자녀가 살아갈 사회에 대해 관심을 갖고 사춘기 시기의 자녀가 미래 사회구성원으로서 잘살아갈 수 있도록 성장과 발달을 도와야 한다. 물론 부모의 적극적인 개

입은 간섭으로 느껴져 사춘기 자녀를 뒷걸음치게 할 것이다. 한 걸음 물러서서 조용히 지켜보며 부모가 늘 같은 자리에 있다는 것, 도움이 필요하면 언제든 도울 준비가 되어 있다는 것을 알려주면 된다. 애벌레가 나비가 되기 위해 변태과정을 거치듯, 사춘기 자녀도 스스로 알을 깨고 나오기 위한 힘든 과정을 겪고 있다. 잘 해낼까 노심초사하며 지켜보는 부모의 마음은 기대가 되면서도 두렵지만, 멋진 성인으로 자라날 자녀를 상상하며 변해가는 모습을 응원해줘야 한다.

2

사춘기 성교육
존중에서 시작하라

　자녀가 사춘기가 되면 좋든 싫든 '성'에 관해 관심 갖는다는 것을 부모는 받아들여야 한다. 엄마, 아빠가 사랑해서 손잡고 자면 아기가 생긴다는 얘기는 유치원생에게도 통하지 않는 세상이다. 친구나 미디어를 통해 성에 대해 알게 되는 것보다 부모가 성에 대한 올바른 지식을 전해주는 게 낫다. 성교육은 '육체적인 성'과 '성에 대한 가치' 두 가지로 나눌 수 있는데, 자기 몸이 얼마나 중요한지 인식하도록 하는 것부터 시작해야 한다. 급격한 신체적 변화를 겪는 사춘기에는 특히 자기 몸을 소중하고, 중요하게 여기도록 가르치는 것이 중요하다.

　사춘기 자녀는 단순히 몸의 변화를 겪는 것에 그치지 않고, "여자다움"과 "남자다움"이라는 사회적 기대 속에서 자신을 바라보게 된다. 이런 시선은 아이가 자기 몸을 부끄럽게 여기거나 성별 고정관념에 갇히게 만든다. 따라서 사춘기 성교육은 단순히 성 지식을 전달하는 것을 넘어 자녀가 자기 몸을 존중하고 타인을 존중하는 태도를 배우도록 돕는 과정이 되어야 한다. 딸이 초경을 경험했을 때, 부모가 "네 몸은 건강하게 자라고 있어. 불편하면 언제든 말해"라고 말해주면, 자녀는 변화에 긍정적으로 반응할 수 있다. 변성기를 겪는 아들이 목소리가 변하고 사정을 경험하며 당황했을 때, 부모가 "그건 어른이 되어가는 신호야. 궁금한 게 있으면 물어봐"라고 말하면, 자녀는 변화에 대한 두려움을 줄이고 안심하게 된다. 사춘기 성교육은 공통적으로 성적

자녀	가르쳐야 할 성지식
딸	• 월경 이해: 생리 주기, 위생 관리(생리대·생리컵 사용법), 생리통 관리법 • 신체 변화 수용: 가슴 발달, 체형 변화가 정상 과정임을 알려줌 • 피임과 임신 이해: 피임의 필요성과 기본 개념, 원치 않는 임신을 예방하는 방법 • 성폭력 예방: 원치 않는 스킨십을 거절할 권리, 도움 요청 방법
아들	• 발기와 사정 이해: 야간발기, 몽정이 정상적이라는 점을 알려주기 • 자위행위 이해: 건강한 자기 탐색임을 알려주되, 과도한 행위와 중독에 대한 경계를 알려주기 • 피임 책임: 피임은 여성만의 몫이 아니며, 콘돔 사용의 필요성 교육 • 성폭력 예방: 상대방의 동의 없이는 어떠한 신체 접촉도 허용되지 않음을 교육
공통	• 성적 자기결정권: 자신의 몸과 감정은 자신이 결정할 권리가 있음을 강조 • 상호 존중: 이성·동성 모두에게 경계를 지켜야 한다는 점을 강조 • 디지털 성문화: 온라인 성적 유해 콘텐츠, 사진 공유의 위험성, 사이버 성폭력 예방.

자기결정권, 존중, 경계 설정을 알려주는 것이 핵심이다. 하지만 신체 발달의 차이에 따라 성별로 강조할 성지식이 있다.

성적 자기결정권은 사춘기 자녀가 반드시 배워야 할 핵심 개념이다. 이는 단순히 성관계 여부를 결정하는 권리를 넘어 자기 몸과 감정에 대한 주체적인 권리를 의미한다. 부모가 이를 제대로 가르치지 않으면 아이는 또래나 사회의 압력에 쉽게 휘둘리게 된다. 예를 들어 친구가 "네가 좋아하면 손잡아줘야지"라고 말했을 때, 성적 자기결정권을 배운 아이는 "나는 원하지 않아"라고 말할 수 있고, 그 말이 존중받아야 한다는 사실을 인식할 수 있다.

중학교 2학년인 민지는 좋아하는 남자친구가 팔짱을 끼자 불편함을 느꼈다. 그러나 거절하면 관계가 깨질까 두려웠다. 이때 부모가 "네가 불편하다면 분명히 말할 권리가 있어. 네가 싫다고 했을 때 상대가 화내면, 그건 네가 잘못한 게 아니라 상대가 네 경계를 존중하지 않은 거야"라고 말해주었을 때, 민지는 자신의 감정을 지켜낼 힘을 가지게 된다. 자녀에게 "네 몸은 네 거야. 네가 원하지 않으면 하지 않아도 돼.", "네가 싫다고 했을 때, 상대가 그걸 존중해야 하는 거야."라는 말을 해주자. 부모도 자녀가 예쁘다고 덥석 끌어안고, 뽀뽀하는 행동은 자녀가 성장하면서 조심해야 한다. 자녀에게 의사를 물어보며 존중해주자. 자녀에게 예의범절을 가르치듯 '자기 몸'과 '타인의 몸'을 소중하게 생각해야 한다는 걸 가르쳐야 한다.

사춘기 자녀에게 이성친구가 생기기 전에 스킨십에 대해 함께 의논하는 것도 필요하다. 스킨십을 아예 막을 수 없고, 무조건 허용할 수도 없다면 스스로 기준을 정해 지켜나갈 수 있게 해야 한다. 기준이란 스스로 책임질 수 있는 범위로 하면 좋다. 예를 들면, 서로 합의가 되어야 스킨십을 한다거나, 밀폐된 곳에는 가지 않는다거나, 후회하지는 않을지, 행동의 결과를 책임질 수 있는지 등을 생각해보고 기준으로 삼게 하는 것이다. 중요한 것은 조금이라도 절대 강요가 있어서는 안 되며, 스스로 결과를 책임질 수 있어야 한다는 것이다. 이성친구가 생겼다면, 꼬치꼬치 캐물으며 이것저것 가르치려고 하면 안 된다. 자연스럽게 별거 아닌 듯이, 관심 없다는 듯이 이야기해야 자녀가 숨기려고 하지 않는다.

음란물을 서로 돌려보고, 부모 몰래 숨어서 보는 건 오래전부터 이어져 내려온 전통 같은 것이다. 본능적 호기심을 억누를 수는 없나보다. 예전에는 비디오나 만화책, 잡지 등만 조심하면 됐지만 디지털이 발달한 요즘 시대에는 마음만 먹으면 정보에 접근할 수 있는 기회가 매우 많다. '디지털 성문화'가 발달한 것이다. '디지털 성문화'는 청소년들이 스마트폰, SNS, 온라인 플랫폼 등에서 성적 콘텐츠와 메시지를 접하고 소통하며 형성되는 성 인식과 행동 양식을 의미한다. 자칫 왜곡된 성 역할, 외모 중심주의, 콘텐츠 의존성을 내면화하게 만드는 환경이 되기 쉽다.

요즘 사춘기 아이들의 성은 오프라인이 아니라 디지털 공간에서도 형성되고 있다. 스마트폰과 SNS를 통해 아이들은 외모 비교, 성적 유행 콘텐츠, 심지어 성적 착취물에 쉽게 노출된다. 부모는 디지털 성문화가 단순한 '위험'이 아니라, 아이들이 성에 대한 왜곡된 기준을 학습하는 공간이라는 점을 이해해야 한다. SNS 속 외모 평가나 성차별적 콘텐츠에 노출된 아이에게 부모가 "그건 왜곡된 기준일 뿐이야. 네 가치는 외모로 정해지지 않아"라고 말해주었을 때, 아이는 외부 시선보다 자기 존중을 우선할 수 있게 된다. 무조건 금지하는 건 오히려 호기심을 부추길 수 있으니 자녀가 스스로 유해 콘텐츠를 판단할 수 있는 기준을 세워주는 게 중요하다. 사춘기 자녀에게 이런 말을 건네보자. "온라인에 올린 사진은 영원히 남을 수 있어. 올리기 전에 꼭 한 번 더 생각해야 해.", "인터넷에서 본 게 다 진실은 아니야. 궁금하면 언제든 엄마랑 이야기해.", "네가 불편한 메시지를 받으면 혼자 감당하지 말고 말해도 돼." 일상에서 건네는 말들이 자녀에게 옳고 그름을 판단할 수 있는 기준을 세워줄 것이다.

　사춘기 성교육은 존중에서 시작해야 한다. 자녀가 성별에 구애받지 않고 자신을 긍정하고, 자기와 타인의 몸을 소중하게 생각하며 의사를 존중하는 것이 중요함을 알게 하는 것이다. '성교육'은 육체적인 성뿐만 아니라 성에 대한 가치까지 포함해야 한다. '성'을 음란한 것으로 치부하고 숨기려고만 하면 자녀는 다른 통로를 통해 성을 접하게 된다. 미디어의 발달로 더 이상 부모의 통제는 통하지 않게 됐다. 자녀가 왜곡된 성 의식을 형성하기 전에 부모가 먼저 일상에서 '성'을 자연스러운 것으로 받아들이도록 가르쳐야 한다. 그러면 '자녀는 건강한 자기정체성을 형성하고 타인을 존중하는 사람으로 성장할 수 있다.

참고자료

1. 정현숙, 2022년, 아들에게는 아들의 속도가 있습니다, 월요일의꿈

2. 리처드 윌리엄스, 2007년, 피드백 이야기, 토네이도

3. 마셜B. 로젠버그(캐서린 한), 비폭력 대화, 한국NVC센터

4. 도미향, 아이가 달라지는 엄마의 말, raonbook

5. 최광현, 2023년, 아들은 아버지의 등을 보고 자란다, 유노라이프

6. 기시미 이치로, 2015년, 아들러 심리학을 읽는 밤, ㈜살림출판사

7. 박미자, 2022년, 사춘기, 기적을 부르는 대화법, 북멘토

8. H, 노먼 라이트, 2000년, 아이는 왜 내 말에 상처받을까?, 토기장이

9. 김주희, 2008년, 현명한 엄마의 대화습관, 책이있는마을

10. 하나금융경영연구소 '2024년 주요 트렌드 서적별 핵심 내용 요약'

11. 김명희, (2022년 4월 4일). 직장 내 소소한 잡담, 업무 효율 높인다. 동아일보
    [wowseattle.com] [육아] 엄마의 언어 습관이 아이에게 끼치는 영향 -시애틀 교
    차로

현명한 부모가 반드시 알아야 할
사춘기 대화수업

초판 1쇄 인쇄 2026년 2월 20일
초판 1쇄 발행 2026년 2월 27일

지은이 정현숙
펴낸이 박세현
펴낸곳 팬덤북스

기획 편집 곽병완
디자인 김민주
마케팅 전창열
SNS 홍보 신현아

주소 (우)14557 경기도 부천시 조마루로 385번길 92 부천테크노밸리유1센터 1110호

전화 070-8821-4312 | **팩스** 02-6008-4318
이메일 fandombooks@naver.com
블로그 http://blog.naver.com/fandombooks

출판등록 2009년 7월 9일(제386-251002009000081호)

ISBN 979-11-6169-385-9 03590